全国高等院校计算机基础教育研究会

"2016年度计算机基础教学改革课题"立项项目

交互式PPT设计
项目实训

主 编◎刘 强 靳紫辉
副主编◎吕峻闽

U0304046

北京邮电大学出版社
www.buptpress.com

内 容 简 介

本书介绍了多媒体演示制作大师 Focusky、互动多媒体课件制作软件 iSpring Suite、Articulate Storyline 等交互式 PPT 软件的应用，为提升传统 PPT 展示效果、制作测验和交互式微课提供了最佳解决办法。本书简明易懂，深入浅出，可操作性强，覆盖了常见 PPT 交互式技术应用的大多数应用场景。

本书可作为各大院校所有专业高级 PPT 应用课程的教学参考书，也可作为教育工作者、各企事业单位办公人员的自学参考书。

图书在版编目（CIP）数据

交互式 PPT 设计项目实训 / 刘强，靳紫辉主编 . --北京：北京邮电大学出版社，2018.1（2019.12 重印）

ISBN 978-7-5635-5373-0

Ⅰ.①交… Ⅱ.①刘…②靳… Ⅲ.①图形软件—教材 Ⅳ.①TP391.412

中国版本图书馆 CIP 数据核字（2018）第 018882 号

书　　　名：交互式 PPT 设计项目实训
著作责任者：刘　强　靳紫辉　主编
责 任 编 辑：刘春棠
出 版 发 行：北京邮电大学出版社
社　　　址：北京市海淀区西土城路 10 号（邮编：100876）
发 行 部：电话：010-62282185　传真：010-62283578
E-mail：publish@bupt.edu.cn
经　　　销：各地新华书店
印　　　刷：北京鑫丰华彩印有限公司
开　　　本：787 mm×1 092 mm　1/16
印　　　张：9.5
字　　　数：221 千字
版　　　次：2018 年 1 月第 1 版　2019 年 12 月第 3 次印刷

ISBN 978-7-5635-5373-0　　　　　　　　　　　　　　　　定　价：23.00 元

· 如有印装质量问题，请与北京邮电大学出版社发行部联系 ·

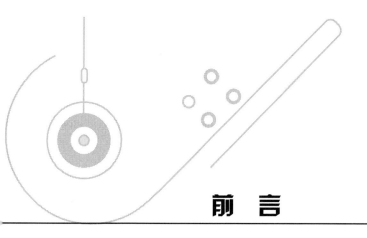

前　言

　　移动互联网技术的高速发展引起了全民学习模式的重大变化,越来越多的人喜欢借助网络移动端来获取知识,交互式 PPT 在此背景下应运而生。交互式 PPT 在保留了传统 PPT 展示的各种功能的基础上增加了和学习者的互动并能发布到网络上的功能,让学习者更容易掌握自己的学习进度并能得到及时的学习效果反馈。

　　本书主要面向各行业需要制作交互式课件和各类报告的人员,重点讲述了 Microsoft PowerPoint 2016 高级应用、Focusky、iSpring Suite 和 Articulate Storyline 四种交互式 PPT 设计软件的使用方法。在编写时采用了项目驱动式,以培养学习者的实战操作能力为目标,学、思、练相结合,旨在通过项目实践增强学习者的职业能力。

　　本书分为 4 个项目,项目 1 讲解 PPT 的高级应用,采用的是 Microsoft PowerPoint 2016,让学习者在原有 PPT 基础上初步接触交互式设计;项目 2 讲解 Focusky,该软件偏重于 PPT 动态效果展示,设计出来的作品会给观众带来视觉上的强烈冲击力,从而增强学习者对交互式设计的兴趣;项目 3 讲解 iSpring Suite,该软件与 PowerPoint 完美融合,可以作为 PowerPoint 的一个插件,也可以单独设计,它的测验设计功能非常强大,能够满足学习者在学习过程中的各种测试和反馈需求;项目 4 讲解 Articulate Storyline,该软件是一款功能强大、独立的单机版 E-learning 多媒体互动课件开发工具,其独特的设计、人性化的操作界面、丰富的素材库和简洁的设置方法以及无可比拟的交互功能为高质量课件的制作提供了有利的条件。

　　本书在内容上注重科学性、实用性,并且力求内容安排合理,保证知识结构的系统性和完整性,既适合有一定基础的学习者,同时在选材上兼顾了初学者的学习能力,深入浅出。

　　限于编者水平,书中难免存在不足之处,恳请读者和同行批评指正。

编　者

2017 年 9 月

目录

项目3　用 iSpring Suite 制作培训测验 PPT ……………………………… 56

项目 4　使用 Articulate Storyline 制作中文课程——
"有点儿"和"一点儿"的中文辨析 ································· 84

附录 A　Storyline 中的快捷键 ······························· 142

附录 B　常用 PPT 制作辅助软件 ························· 143

制作个人求职简历 PPT

1.1 项目背景

小罗临近毕业,准备投递简历,除了制作了一个 Word 格式的简历外,还准备做一个漂亮的 PPT 简历,既能以视频的形式来播放,又能将自己的简历上传到网上,让更多的潜在雇主直接通过手机或 PC 查看,体现自己的优势,希望自己能从众多的应聘者中脱颖而出。经过努力,小罗终于利用 PowerPoint 2016 的强大功能,制作了一个漂亮的个人简历展示 PPT,发布到网上,并且在投递 Word 版简历的同时,将网址和视频同时投递。

1.2 项目简介

本项目介绍如何制作个人简历 PPT,综合运用了幻灯片母版设计、设置背景音乐、高级动画制作、SmartArt 制作、幻灯片切换设置、幻灯放映设置、自定义放映方式、针对不同观众设置不同的放映内容、将 PPT 打包成视频文件、将 PPT 发布为网页形式文档等,覆盖了 PPT 从设计到成果展示的完整过程。

1.3 项目制作

1.3.1 素材准备

在制作 PPT 时,需要用到多种图片以及背景音乐,可以先将所需要的素材准备好。

1.3.2 设置幻灯片母版背景

若要使所有的幻灯片包含相同的内容(如企业标志、背景图像或颜色等),可以在一个

位置设置,即幻灯片母版,这些设置将应用到所有幻灯片中。本项目中,所有幻灯片的背景完全相同,因此我们可以采用幻灯片母版来设置。选择"视图"选项卡,单击"幻灯片母版"按钮图标,如图1-1所示,进入幻灯片母版视图。

图1-1 进入幻灯片母版视图

【小贴士】最好在开始创建各张幻灯片之前定义幻灯片母版和版式,这样添加到演示文稿中的所有幻灯片都会基于你的自定义编辑。如果在创建各张幻灯片之后编辑幻灯片母版或版式,则需要在"普通"视图中对演示文稿中现有的幻灯片重新应用已更改的版式。

母版幻灯片是窗口左侧缩略图窗格中最上方的幻灯片。相关幻灯片版式显示在此幻灯片母版下方,如图1-2所示。

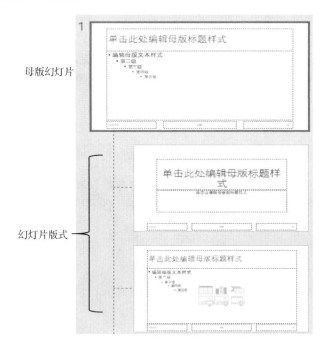

图1-2 幻灯片母版及版式

1.3.3 设置母版背景图片

在母板幻灯片上单击右键,在弹出的快捷菜单中选择"设置背景格式"命令,在右侧将显示"设置背景格式"对话框。选中"2"处标识的"填充"图标,选中"图片或纹理填充"单选按钮,单击"文件"按钮,选择幻灯片背景文件"幻灯片背景.JPG",设置"透明度"为60%,如图1-3所示。还可以通过选择标识为"6"的区域,设置图片的效果和更多效果。

图 1-3　设置背景格式

1.3.4　关闭幻灯片母版视图

选择"幻灯片母版"选项卡,单击"关闭母版视图"按钮,如图1-4所示,进入普通视图。

图 1-4　关闭母版视图

1.3.5　设置背景音乐

本项目设置一个从幻灯片开始播放到完毕才结束的背景音乐,允许音乐重复播放,在播放时隐藏播放图标。

在幻灯片的"普通视图"下(即退出幻灯片母版视图之后的界面),选择"插入"选项卡,单击"音频"图标按钮,选择"PC上的音频"选项,如图1-5所示,浏览到音频文件所在位置,单击"确定"按钮即可。

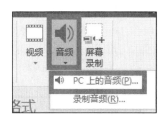

图 1-5 插入音频选项

1.3.6 设置背景音乐播放方式

单击音频图标,将自动在菜单栏出现"播放"选项卡,单击"在后台播放"按钮,使之变成阴影,在"开始"下拉列表框中选择"自动"选项,勾选"放映时隐藏""跨幻灯片播放"和"循环播放,直到停止"复选框(这三项分别表示在播放幻灯片时,隐藏音频图标;当播放幻灯片时,音乐自动播放,并且在切换幻灯片时,音乐不中断;当音乐播放完毕,自动重复,直到幻灯片播放完毕为止),如图 1-6 所示。

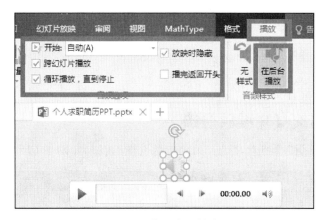

图 1-6 设置背景音乐播放方式

1.3.7 试听背景音乐

选择音频图标,单击播放按钮,即可试听效果。单击进度条,可以试听从此处开始的音乐,如图 1-7 所示。

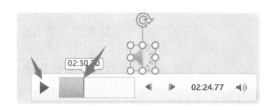

图 1-7 试听背景音乐

1.3.8　制作封面 PPT

封面制作效果如图 1-8 所示。

图 1-8　封面制作效果

1．删除无用的文本框

根据幻灯片设计结构，可以将封面 PPT 的标题和副标题文本框删除；当需要在 PPT 上添加文字内容时，可以通过插入文本框来实现。

2．插入形状

选择"插入"选项卡，在"形状"按钮下，选择"圆形"，如图 1-9 所示，按住"Ctrl"键，可插入圆形。

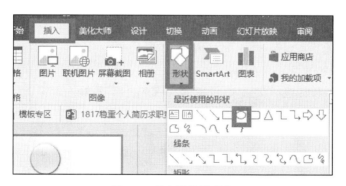

图 1-9　插入形状选项卡

3．设置形状样式

单击图形形状，将自动在菜单栏显示"格式"选项卡，通过"形状填充""形状轮廓""形状效果"等命令按钮，在"设置形状格式"区域对图形进行各项设置，如图 1-10 所示。读者可根据需要自行尝试设置，直到满意为止。

设置后的效果如图 1-11 所示。

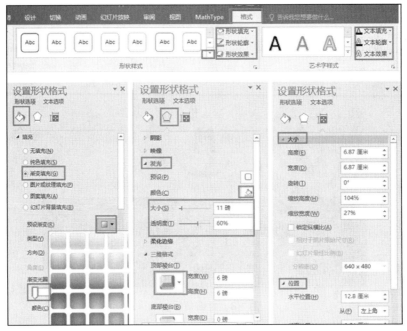

图 1-10　自选图形形状设置

图 1-11　形状设置效果

4. 添加封面主体内容

　　完成头像图片和其他形状插入,设置形状填充颜色,并输入内容,设置字体、字号和颜色。效果如图 1-12 所示。

图 1-12　简历封面

5. 封面页动画设置

（1）头像动画

① 选中头像，选择"动画"选项卡，单击"缩放"按钮，如图 1-13 所示。

图 1-13　动画选项卡

② 设置动画出现时间。在动画窗格，单击动画后边的下三角符号 ，选择"计时"命令，在弹出的"缩放"对话框中，在"开始"下拉列表中选择"上一动画之后"，"期间"下拉列表中选择"快速（1 秒）"，"重复"选择"无"，如图 1-14 所示，设置完毕，单击"确定"按钮，完成对头像动画的设置。

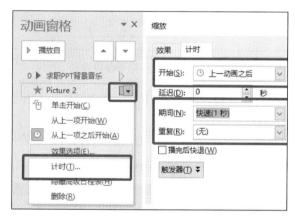

图 1-14　设置头像动画

（2）设置简历标题动画

① 选中简历标题"张三凤个人简历"，选择"动画"选项卡，选择"飞入"动画效果，如图 1-15 所示。

图 1-15　简历标题动画

② 设置简历标题动画效果。在"动画窗格"选择简历标题所在动画，单击下三角符号 ，选择"效果选项"命令，在弹出的效果对话框的"方向"列表中选择"自右侧"选项，表示文本从右侧飞入；在"动画文本"列表中，选择"按字母"选项，表示按一个字一个字的方

式飞入。选择"计时"选项卡,在"开始"列表中,选择"上一动画之后"选项;在"期间"列表中,选择"中速(2秒)",无重复,如图 1-16 所示。设置完毕后,单击"确定"按钮,完成简历标题动画设置。

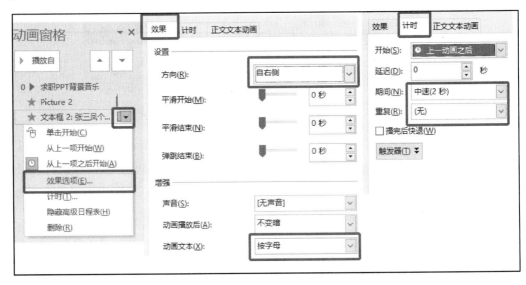

图 1-16　简历标题动画设置

用类似方法设置"手指按钮"和"手指"图片的动画。

（3）设置随手指而动的按钮动画

在本项目中,手指按住按钮向右滑动,在滑动的同时,求职宣言"面对挑战 我用实力证明自己"出现,如图 1-17 所示,设置方法如下。

图 1-17　随手指而动的动画设置

① 按住"Ctrl"键,选择圆形按钮和手指图像,单击"动画"选项卡,选择"动作路径"中的直线,如图 1-18 所示。

图 1-18　直线动作路径动画

② 分别选择圆形按钮图片和手指图片,拖动动画路径指示线到文字终点,表示圆形
按钮和手指图片将运动到文字终点结束,如图 1-19 所示。

图 1-19　设置动画路径

③ 选择圆形按钮动画,在"计时"选项卡中,"开始"设置为"上一动画之后";选择手指
按钮动画,在"计时"选项卡中,"开始"设置为"与上一动画同时",单击"确定"按钮,如图
1-20 所示。

图 1-20　同时运动动画设置

(4)求职宣言动画设置

① 选择求职宣言文字内容"面对挑战 我用实力证明自己",单击"动画"选项卡,选择
"擦除"效果,如图 1-21 所示。

图 1-21　擦除效果动画

② 选择求职宣言动画,单击下三角符号,选择"效果选项",在"擦除"选项卡中,"方
向"设置为"自左侧","动画文本"设置为"按字母";在"计时"选项卡中,"开始"设置为"与
上一动画同时","延迟"设置为 0.5,如图 1-22 所示。

再设置联系方式内容、蓝色矩形框的动画,并拖动动画的顺序,设置完毕,动画顺序如
图 1-23 所示。

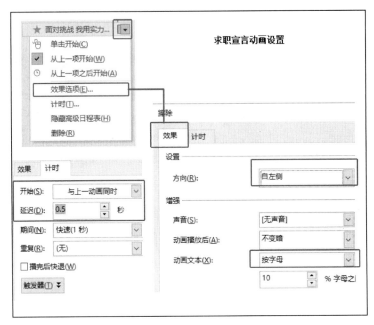

图 1-22　求职宣言动画设置

图 1-23　设置效果

1.3.9　目录页制作

　　目录页帮助演讲者和听众了解 PPT 的内容结构,并标注即将开始演讲的大致内容,相当于文章中的目录。目录页最终效果如图 1-24 所示。

　　此目录页包含左上角的圆角矩形,只显示一部分,四个大圆形,以动画形式展示,用线条连接到四部分内容标题(分别为"基本情况""教育经历""获奖情况"和"自我评价"),这四部分放置于四个虚线边框的圆角矩形内,矩形边框颜色与对应的连接线条一致。

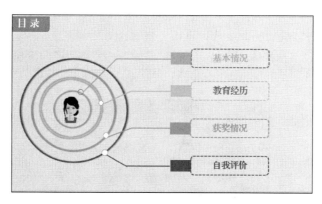

图 1-24　目录页效果

（1）单击"插入"→"形状"按钮，按住"Shift"键，选择"椭圆"工具，在 PPT 内画出四个大小不一的正圆形。

【**小贴士**】若要画出正圆形，需要按住"Shift"键，再在 PPT 相应区域拖放鼠标指针。在更改圆形大小的时候，按住"Shift"键的同时，拖放圆形的四个顶点，可确保拖放后的图形为圆形。

（2）选择圆形图形，在绘图工具中"格式"选项卡的"形状样式"功能组，选择"形状填充"选项，选择"无填充颜色"，如图 1-25 所示。

选择"形状样式"功能组的"形状轮廓"选项，在"粗细"列表处选择"3 磅"，定义圆形线框的宽度，如图 1-26 所示。

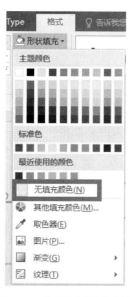

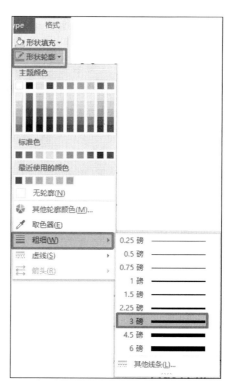

图 1-25　设置图形填充颜色　　　　　图 1-26　设置线条宽度

在"形状轮廓"列表中,选择主题颜色,也可以单击"其他轮廓颜色"命令选择更多样式的颜色,还可以单击"取色器"命令选择页面上任意地方的颜色。

单击"形状效果"下拉按钮,在列表中选择"阴影"→"外部"→"向下偏移"选项,如图 1-27 所示。

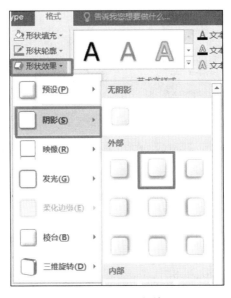

图 1-27　设置形状效果

用同样的方式设置其他圆形的填充颜色、线条宽度、边框颜色和形状效果。

【小贴士】通过绘图工具中"格式"选项卡下"形状样式"功能组中的"形状填充""形状轮廓"和"形状效果",可以设置图形的多种形状,读者可自行尝试。

在下面的各图形设置中,均可通过这些命令,完成图形样式的设置。

(3) 按住"Ctrl"键,选择 4 个圆形图,单击右键,在弹出的快捷菜单中选择"组合"→"组合"命令,如图 1-28 所示,组合后的图形按一个图形来处理。

图 1-28　组合图形

（4）单击"插入"→"形状"命令，选择直线工具，绘制直线，并将直线调整到合适的位置，设置直线的宽度和颜色，设置完毕后，分别组合各栏目中的两条直线。

（5）单击"插入"→"形状"命令，选择矩形工具，设置矩形的填充颜色，并设置内容矩形边框为虚线，在内容矩形中填入文字内容，设置文字的字体、字号和颜色。将直线、矩形框组合，以方便设置动画。

设置完毕如图 1-29 所示。

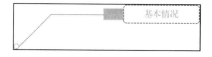

图 1-29　基本情况设置效果

（6）完成其他部分的直线、矩形框和文本内容的设置。

（7）动画设置。选择"圆形"图形组，单击"动画"选项卡，选择"强调"组中的"脉冲"效果。

选择"基本情况"直线和矩形框图形组，单击"动画"选项卡，选择"进入"组中的"阶梯状"效果，在动画的"效果选项"中，"方向"设置为"向上"，"计时"列表中选择"上一动画之后"，"延迟"框填写 0.5，如图 1-30 所示。

图 1-30　动画计时设置

由于"教育经历""获奖情况"和"自我评价"图片组的动画与"基本情况"的动画一样，可以采用"动画刷"快速设置。选择"基本情况"图片组，单击"动画"选项卡，在"高级动画组"中选择"动画刷"选项，当鼠标指针显示刷子图形时，分别在"教育经历""获奖情况"和"自我评价"图片组上单击，这样就快速设置了其他几部分的动画效果。

动画设置完毕后，在"动画窗格"中拖动动画名称，调整顺序，最后设置结果如图 1-31 所示。

图 1-31　目录页动画设置结果

1.3.10 基本情况页制作

基本情况主要介绍自身的简单情况和联系方式等，包含元素有文本框、一个照片、两个圆形图片以及两条虚直线，制作比较简单，效果如图 1-32 所示。

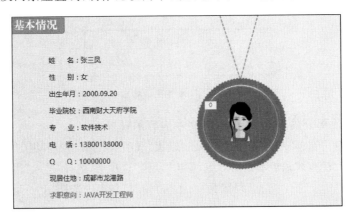

图 1-32 基本情况制作效果

1.3.11 用 SmartArt 制作教育经历页

使用 SmartArt 图形，只要单击几下鼠标，即可快速创建具有设计师水准的插图。具体方法是：选择"插入"选项卡"插图"功能组中的"SmartArt"按钮，选择适当的插图样式即可。

采用 SmartArt 插图，快速制作教育经历页，制作效果如图 1-33 所示。

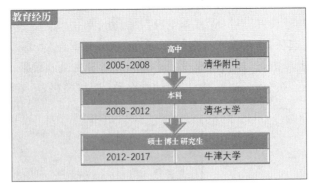

图 1-33 教育经历页效果图

具体步骤如下。

（1）选择"插入"选项卡"插图"功能组中的"SmartArt"按钮，选择"流程"组中的"分段流程"图形，即在当前 PPT 中插入了图形。

（2）单击 SmartArt 图形，在左侧的文本框内或者图形内，输入文本内容，并可通过"设计"选项卡，更改文本的级别，添加或删除图形形状，如图 1-34 所示。

图 1-34　SmartArt 格式选项卡

1.3.12　获奖情况页面制作

如图 1-35 所示，获奖情况页面包含的元素有虚直线、用图片填充的圆形、矩形框和椭圆形。

设置用图形填充圆形图片的方法如下：选中圆形图，选择"格式"选项卡，选择"形状填充"→"图片"选项，浏览到图片所在位置，单击"确定"按钮即可。

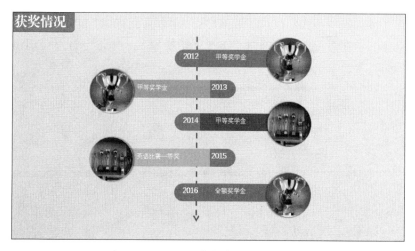

图 1-35　获奖情况页面

1.3.13　设置页面切换

为了解决幻灯片页面之间切换的单调，可以采用页面切换动画。操作方法是：选择"切换"选项卡，在"切换到此幻灯片"功能区，对幻灯片的切换效果进行设置，如图1-36所示。

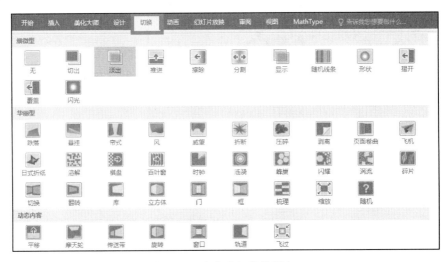

图 1-36　幻灯片切换选项卡

可以为幻灯片切换添加声音。选择"切换"选项卡，在"计时"功能区中，单击"声音"下拉菜单，可以选择切换到本幻灯片的声音效果。在"持续时间"处设置此幻灯片的播放时间。"设置自动换片时间"是指在本幻灯片停留指定时间后切换到下一张幻灯片，图1-37所设置的换片时间为5秒，如果本幻灯片自定义动画的时间低于5秒，则等到了5秒后切换到下一张；如果自定义动画时间超过了5秒，则此设置不起作用，要等到本幻灯片动画播放完毕后，才能进入下一张幻灯片。若同时选中"单击鼠标时"和"设置自动换片时间"两个复选框，则表示在等待期间可通过单击鼠标切换到下一张，达到自动和手动切换相结合的目的。

图 1-37　幻灯片切换计时选项卡

1.3.14　设置放映时间

幻灯片的放映时间包括每张幻灯片的放映时间和所有幻灯片的总放映时间。若要单独设置每张幻灯片的放映时间,可以在"切换"选项卡的"计时"功能组中进行设置。

设置放映时间也可以通过"排练计时"来设置,如图 1-38 所示。选择"幻灯片放映"选项卡,在"设置"功能组中,单击"排练计时"按钮后,系统自动切换到放映视图,用户可以按照自己的总体安排放映幻灯片,系统自动录制每张幻灯片的放映时间。当放映结束后,在弹出的对话框中选择是否保存排练时间。以后放映幻灯片时,将按本次设置的时间播放。

图 1-38　幻灯片放映选项卡

除此之外,还可以通过单击"录制幻灯片演示"按钮,对"幻灯片和动画计时""旁白、墨迹的激光笔"等进行录制,如图 1-39 所示。录制完毕,可以将其创建为视频格式。单击"文件"→"另存为"命令,选择存储位置,这里可以选择"计算机",然后单击"浏览"按钮选择某位置,会打开"另存为"对话框,文件类型选择视频格式,如 mp4 格式。最后单击"保存"按钮生成视频。

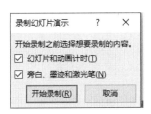

图 1-39　录制幻灯片演示

1.3.15　隐藏幻灯片

制作好的幻灯片应该包括所涉及的所有内容,但是对于不同类型的观众和不同的场合,可能文稿中的有些内容不需要播放,可以将不需要播放的内容采用隐藏幻灯片的方式隐藏起来。

在普通视图下的大纲/幻灯片视图窗格中,选择一张或多张需要隐藏的幻灯片(按住"Ctrl"键实现不连续的幻灯片选择),右键选择"隐藏幻灯片"选项。也可以在"幻灯片放映"选项卡的"设置"功能组中,单击"隐藏幻灯片"命令,即可在放映时隐藏当前选中的幻灯片。

1.3.16　自定义放映

利用"自定义放映"功能,可以有选择地播放幻灯片的个别内容,在现有文稿的基础上新建一个演示文稿,而不是播放全部内容。具体步骤如下。

（1）选择"幻灯片放映"选项卡，在"开始放映幻灯片"功能组中单击"自定义幻灯片放映"按钮，如图 1-40 所示。

图 1-40　自定义幻灯片放映

（2）在弹出的"自定义放映"对话框中，单击"新建"按钮，"在演示文稿中的幻灯片"列出了当前文稿中的所有幻灯片，选择需要的幻灯片，单击"添加"按钮，进入"在自定义放映中的幻灯片"列表中，可以通过单击右侧的上下箭头以及删除符号更改播放顺序，或者删除不需要播放的幻灯片，设置完毕后单击"确定"按钮，保存该自定义放映，如图 1-41 所示。

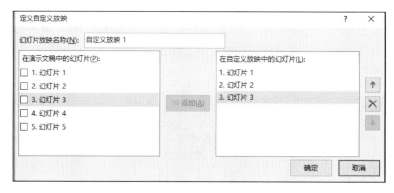

图 1-41　自定义幻灯片播放列表设置

（3）若需要修改或删除该自定义放映，单击"自定义放映"，在下拉列表中会出现该放映名称，选中后，在弹出的对话框中选择"编辑"按钮，若不需要则单击"删除"按钮即可。

当需要放映时，只需单击"自定义放映"，选择"放映"按钮即可。

1.3.17　演示文稿打包

制作好的文稿可以复制到其他计算机中运行，对于没有安装 PowerPoint 软件或者版本较低的计算机，为确保能正确播放，可以利用将演示文稿打包的工具，将演示文稿及相关文件制作成一个可以在其他计算机上运行的文件。具体步骤如下。

（1）打开文稿，确认已经保存该文档。

（2）选择"文件"选项卡，选择"导出"→"将演示文稿打包成 CD"选项，单击"打包成 CD"按钮，如图 1-42 所示。

（3）在弹出的"打包成 CD"对话框中，可以选择将多个 PPT 一起打包，也可以将其他不能自动包含的文件（如音频和视频文件等）等一起打包。单击"添加"按钮，选择需要包含的文件；对于不需要的文件，选中文件后单击"删除"按钮即可。

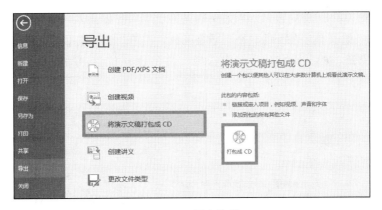

图 1-42　导出选项

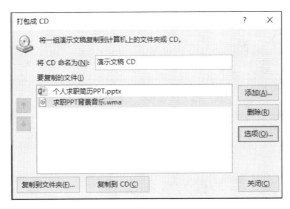

图 1-43　打包成 CD 对话框

（4）单击"选项"按钮，在弹出的对话框中，根据需要进行设置，勾选"链接的文件"复选框，表示在打包的文件中含有链接关系的文件；勾选"嵌入的 TrueType 字体"复选框，表示在打包文件时，确保在其他计算机中可以看到正确的字体。如果在其他计算机上打开文件需要密码，则可以在"打开每个演示文稿时所用密码"文本框中输入打开密码，在"修改每个演示文稿时所用密码"文本框中输入修改密码，以保护文件。设置完毕后单击"确定"按钮，如图 1-44 所示。

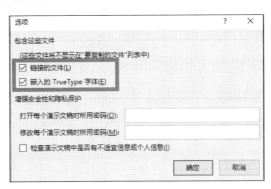

图 1-44　打包 CD 选项

（5）如果安装有刻录机，可以将文件刻录在光盘上；如果没有刻录机，可以将文件复制到计算机上的其他位置，而不是刻录在 CD 上。在"打包成 CD"对话框中，单击"复制到文件夹"按钮，在弹出的对话框中选择文件的保存位置，单击"确定"按钮即可，如图 1-45 所示。

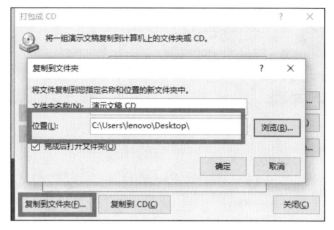

图 1-45　打包 CD 复制到文件夹

（6）打开保存文件的位置，双击演示文稿名称，即可正常播放。

1.3.18　将演示文稿保存为视频文件

可以通过 PowerPoint 2016 中的"创建视频"功能，将演示文稿创建为可以在计算机和手机上播放的视频文件，具体步骤如下。

（1）打开演示文稿，确保已保存文档。

（2）选择"文件"选项卡，选择"导出"命令，单击导出列表中的"创建视频"命令，如图 1-46 所示。

图 1-46　创建视频命令

（3）选择导出视频的质量，有互联网质量、演示文稿质量和低质量。"互联网质量"选项指保持中等文件大小和中等的图片质量，适合在网络上发布；"演示文稿质量"选项指包含最大文件大小和最高图片质量，适合现场演示；"低质量"选项指保持最小的文件大小和最低图片质量，适合在手机上播放。本例选择"互联网质量"选项，如图 1-47 所示。

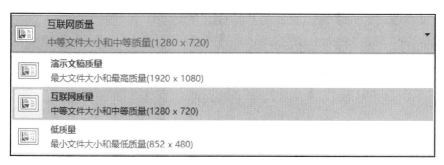

图 1-47　选择视频质量

（4）设置是否需要使用录制的计时和旁白。如果选中"不要使用录制的计时和旁白"选项，则所有幻灯片放映时都将使用固定的放映时间，忽略幻灯片中的任何旁白和计时；若选中"使用录制的计时和旁白"选项，则将幻灯片的计时和旁白包含在视频内，对没有计时的幻灯片，使用固定的持续时间。本例选择"使用录制的计时和旁白"选项，如图 1-48 所示。也可以在此处通过单击"录制计时和旁白"选项进行新的录制。

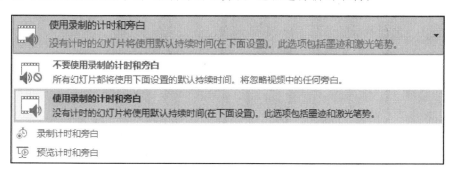

图 1-48　使用录制的计时和旁白选项

（5）设置固定的幻灯片播放时间。对没有设置计时的幻灯片，或者设置为"不要使用录制的计时和旁白"选项的每个幻灯片，设置固定的播放时间，以秒为单位，如图 1-49 所示，设置每张幻灯片播放的时间为 5 秒。

图 1-49　设置固定的幻灯片的播放时间

（6）单击"创建视频"按钮，选择保存视频的位置，单击"确定"按钮，完成视频的创建。

（7）在计算机上双击文件图标打开播放或将文件发送至手机上播放。

1.3.19 将 PPT 发布为网页或 Flash 文件

通过功能强大的 PowerPoint 插件 iSpring Suite，可以将 PPT 发布为可以用 PC、Pad、智能手机查看的网页或者 Flash，用户可以将网页上传到网站供所有人浏览，也可以将 Flash 文件植入其他的 PPT 文件或者网上。

发布后的简历在 PC 上的预览效果如图 1-50 所示。

图 1-50　在 PC 上预览发布效果

在 Pad 上的预览效果如图 1-51 所示。

图 1-51　在 Pad 上预览发布效果

在智能手机上的预览效果如图 1-52 所示。

图 1-52　在手机上预览效果

【小贴士】如果在手机上浏览,需要手机浏览器支持播放 Flash。

用演示制作大师 Focusky 制作 PPT

2.1 项目背景

小罗进入某公司,负责公司宣传以及项目推介工作,为使演示 PPT 更吸引用户注意,希望找到比传统 PPT 更为丰富、更有吸引力的展示手段,并能与 PPT 紧密结合,且该软件要上手快,操作简洁,并可通过多种手段发布演示内容。经查阅相关资料,小罗决定采用演示制作大师 Focusky 来实现。

2.2 项目简介

本项目介绍 Focusky 的主要操作方法,通过路径、主题、场景布局、艺术图形、动画效果、背景视频或音乐、元素分组等手段,实现 PPT 展示的快速制作和设计,并通过 Focusky 的强大展示功能,提升 PPT 展示效果。

2.3 项目制作

2.3.1 Focusky 简介

Focusky 是一款新型多媒体幻灯片制作软件,操作便捷性以及演示效果超越 PPT,主要通过缩放、旋转、移动动作使演示变得生动有趣。传统 PPT 单线条时序只是一张接一张切换播放,而 Focusky 打破常规,采用整体到局部的演示方式,以路线的呈现方式,模仿视频的转场特效,加入生动的 3D 镜头缩放、旋转和平移特效,像一部 3D 动画电影,给观众带来强烈的视觉冲击力。

2.3.2　开始界面

打开 Focusky 多媒体演示制作大师时,会显示软件自带的在线模板。这些模板已经分门别类,可以选择自己想要的类别和要用的模板,如图 2-1 所示。

图 2-1　Focusky 开始界面

2.3.3　编辑操作界面

1. 菜单栏

Focusky 的菜单栏如图 2-2 所示。

图 2-2　菜单栏

（1）文件:包含比较简单的文件操作,有新建工程、从已有的 PPT 文件中创建一个工程、打开工程、保存工程、另存工程为、导入、最近打开的工程、保存成模板、管理模板、预览、发布、退出。

- 从已有的 PPT 文件中创建一个工程:直接导入 PPT 新建一个工程。

• 打开工程、保存工程、另存工程为：保存源文件（注意，不是给别人浏览的，如果想要给别人浏览，就要单击"发布"命令了）。

保存成模板：该模板可以在管理模板中进行重新编辑。

• 导入：在制作一个幻灯片演示文稿时，如果想要插入某个 PowerPoint 的某个或者几个页面，可以使用"导入"命令，选择自己想要导入的 PPT，然后在软件右边会展示将要导入的 PPT 的所有页面，选择想要插入哪些页面，可以直接把该页面拖到 Focusky 幻灯片演示文稿里面去。

• 预览：预览发布输出后的效果。

• 发布：发布输出文件（有网页格式、exe 格式等）

（2）编辑：编辑中有最基本的撤销、重做、复制、粘贴、剪切以及选项设置。

2. 单击或拖动添加窗口

单击或拖动快速添加矩形窗口、方括号帧、圆形窗口和不可见帧，添加一个就代表一张幻灯片，类似于一个电影镜头，如图 2-3 所示。

图 2-3　单击或拖动添加窗口

3. 幻灯片预览窗格

与 PPT 一样，这里可以预览每一张幻灯片，如图 2-4 所示。

4. 编辑路径

单击任何一个物体加入路径列表，通过拖动路径节点可以进行插入、删除、替换路径，如图 2-5 所示。

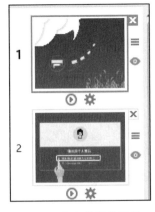

图 2-4　幻灯片预览窗格

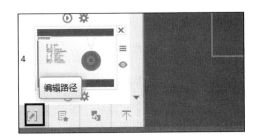

图 2-5　编辑路径选项

5. 动画编辑

可单击选择路径内的任意物体以添加动画效果,如进入特效、退出特效、强调特效。可预览动画效果,自定义播放时间以及清除所有动画。

6. 调整路径顺序

可以在幻灯片路径栏中拖动修改路径的顺序,也可拖动缩略图自定义路径顺序和路径播放时间。如果时间小于或等于 0,路径将采用默认的播放时间 4 秒。

7. 画布/编辑区

画布也是工作区域,可缩放、旋转、添加物体、设置主题、路径编辑等,如图 2-6 所示。

图 2-6　画布编辑区

8. 快捷工具栏

快捷工具栏包括显示所有物体、放大、缩小、锁定画布、设置背景、复制、粘贴、撤销、图形、文本、图片、超链接、视频、音乐、SWF(也就是 Flash 动画)、艺术图形、特殊符号、主题/布局,如图 2-7 所示。

- 显示所有物体:展示幻灯片演示文稿的全局全貌。
- 放大、缩小:还可以滚动鼠标滚轮放大、缩小画布。
- 超链接:可以在任何想要添加的地方添加链接。
- 艺术图形:有很多组合图形、流程图形、柱状图、饼形图等。
- 主题:可以设置幻灯片的整体效果,如果想统一设置所有线条、文字、背景颜色等效果,可以使用这个功能。
- 布局:其实就是一些布局模板,可插入当前幻灯片里面,如果要编辑的话首先要取消组合,然后才可以输入内容。

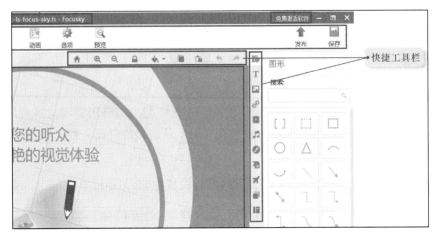

图 2-7　快捷工具栏

9. 工具栏

工具栏如图 2-8 所示。

图 2-8　工具栏

（1）新建：新建工程文件。

（2）插入：插入各种元素。

（3）背景：设置幻灯片背景。

（4）动画：编辑动画。

（5）交互：设置交互行为。

（6）选项：设置 Focusky。

（7）预览当前：预览 PPT 效果。

（8）保存工程：保存源文件。

（9）输出：发布 PPT。

2.3.4　新建多媒体幻灯片

Focusky 多媒体演示制作大师提供三种方式来创建新项目。

1. 选择模板创建新项目

选择一个模板，单击下载模板，即可开始编辑演示文档，如图 2-9 所示。

图 2-9　选择模板新建项目

2. 新建空白项目

（1）打开 Focusky 多媒体演示制作大师，然后单击"新建空白项目"按钮，如图 2-10 所示。

图 2-10　新建空白项目

（2）在弹出的对话框中选择布局及页面背景，单击"创建"按钮，即可创建一个空白的项目文件，如图 2-11 所示。

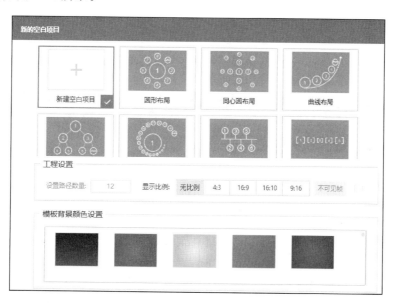

图 2-11　选择布局和背景

3. 新建工程

单击"文件"→"新建工程"命令,如图 2-12 所示。

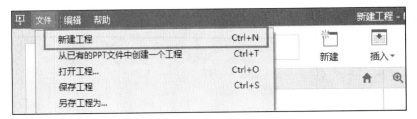

图 2-12　新建工程

4. 导入 PPT 新建项目

单击"导入 PPT 新建项目"命令,如图 2-13 所示,在弹出的文件选择对话库中选择需要编辑的 PPT 文件,单击"确定"按钮,打开如图 2-14 所示界面,在该界面中选择需要编辑的页面后,单击"下一步"按钮进入选择布局页面,如图 2-15 所示,选择其中一种布局,如圆形布局,然后单击"下一步"按钮,进入选择模板界面,如图 2-16 所示,选择一种合适的模板,单击"下一步"按钮,即可进入编辑界面继续编辑。

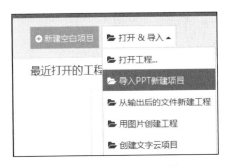

图 2-13　导入 PPT 新建项目

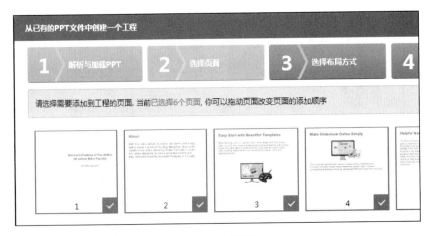

图 2-14　选择页面

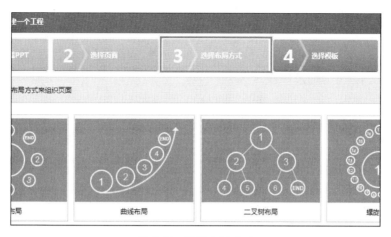

图 2-15　选择布局方式

图 2-16　选择模板

2.3.5　保存文件

当使用 Focusky 制作演示幻灯片时,未完成的工程文件该如何保存呢?

要保存未做完的 Focusky 工程文件,首先要重命名该工程文件,如图 2-17 所示。

图 2-17　重命名文件

重命名后,单击右上角的"保存"命令,选择需要保存的文件,再单击窗口上的"保存"按钮,即可保存该工程文件。

当下一次打开工程时,单击左上角的"文件"命令,选择"另存工程为"命令,在弹出的对话框中可找到重命名的多媒体文件。

2.3.6 路径操作

Focusky可以让我们自由添加、编辑和调整路径的顺序,让多媒体幻灯片按照我们的想法来播放。这里主要介绍三种添加路径的方法。

方法一:进入界面,单击左下角的"编辑路径"按钮,如图2-18所示。

图2-18　编辑路径选项

进入编辑路径模式,单击任何一个物体都可轻松地加入路径列表,完成后单击"完成"按钮,如图2-19所示。

图2-19　路径编辑模式

方法二:选中所需添加路径的物体,单击 ⊕ 按钮,即可添加成为一个新的路径,如图2-20所示。

方法三:选中所需添加路径的物体,单击右边编辑栏的 ＋ 按钮,即可将此物体变成一个新的路径,如图2-21所示。

图 2-20　添加到路径

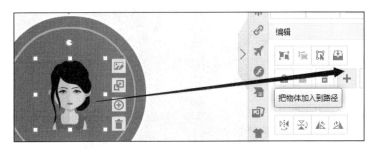

图 2-21　把物体加入路径

2.3.7　编辑路径/调整幻灯片顺序

方法一：单击左下角的"编辑路径"，然后单击画布中任何一个物体加入路径列表，如图 2-22 所示。通过拖动路径节点可以进行插入、删除、替换路径。

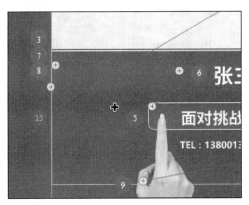

图 2-22　编辑路径

方法二：直接在左边的预览窗格删除或者拖动幻灯片移动顺序。

删除路径：在左侧幻灯片预览窗格中，单击需要删除的路径，然后单击删除按钮，如图 2-23 所示。

拖动路径：在左侧幻灯片预览窗格中，单击需要拖动的幻灯片并拖动至理想位置，如图 2-24 所示。

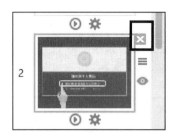

图 2-23　删除路径

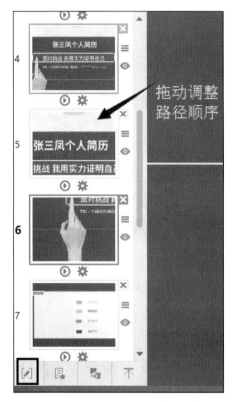

图 2-24　拖动路径

方法三：通过"调整路径顺序，设置路径停留时间"按钮来移动路径顺序，如图 2-25
所示。

图 2-25　调整路径顺序选项

通过拖动幻灯片，可以达到调整幻灯片顺序的效果，最后单击"保存"按钮，保存路径设置，如图 2-26 所示。

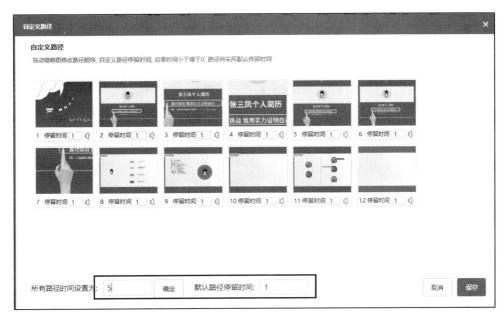

图 2-26　保存路径设置

2.3.8　使用主题

在 Focusky 中，每个模板都提供了多个主题，而每个主题有着不同的风格，不同的背景颜色、字体格式、边框格式，在制作中，可以轻松转换主题，也可以自定义主题。

1. 选择主题

单击快捷栏上的"主题" 👕 按钮，然后在右侧工具栏中选择合适的主题，如图 2-27 所示。

图 2-27　选择主题

2. 自定义主题

（1）单击右下角的 ⚙ 按钮，在"自定义主题"对话框中进行操作。如图 2-28 所示，在该对话框中，可以设置整个工程的字体格式、图形格式等。设置完成后单击"确定"按钮。

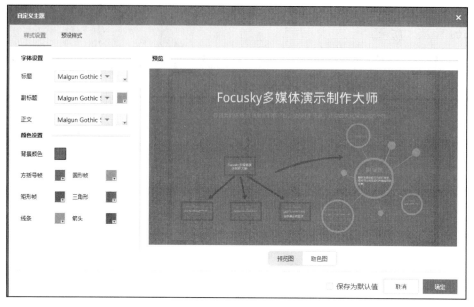

图 2-28　自定义主题

（2）单击右下角的"保存"按钮，然后在"保存成主题"对话框中进行主题描述，如图 2-29 所示，再单击"保存"按钮，自定义主题就产生了，最后单击"确定"按钮。

图 2-29　保存成主题

（3）在右侧主题栏中，可以浏览自定义主题，还可以删除或者导出主题，如图 2-30 所示。

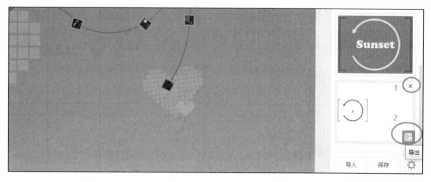

图 2-30　删除或导出主题

3. 导出主题

单击"导出"按钮,弹出如图 2-31 所示对话框,可以将自定义主题保存到合适的位置。

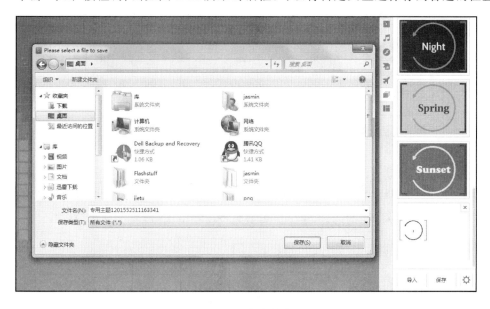

图 2-31　保存主题

2.3.9　修改场景布局

修改多媒体演示的场景布局或添加场景,利用 Focusky 可以轻松实现。

(1)单击并拖动左上角的"添加不可见帧"图标,添加新的幻灯片到想要的位置,如图 2-32 所示。

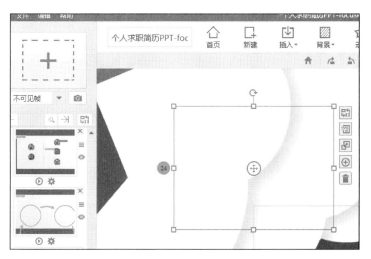

图 2-32　添加不可见帧

（2）单击进入新的幻灯片，再单击右侧快捷工具栏上的 ▦ 按钮，选择布局模板，取消分组后即可在里面添加文本和图片，如图 2-33 所示。

图 2-33　布局选项

（3）旋转镜头

在 Focusky 多媒体演示制作大师中，幻灯片的不同旋转效果给观众带来了视觉上的享受。

① 单击任意幻灯片，当图 2-34 中框选的旋转按键出现后，即可旋转幻灯片。

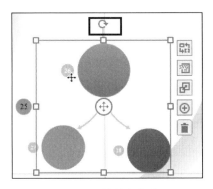

图 2-34　旋转幻灯片

② 取消旋转效果。单击右侧工具栏的"取消旋转"按钮，如图 2-35 所示，恢复后如图 2-36 所示。

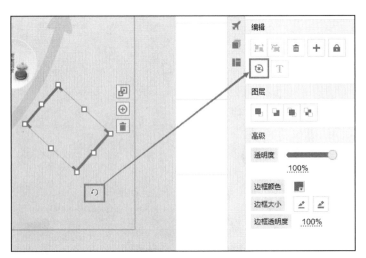

图 2-35　取消旋转

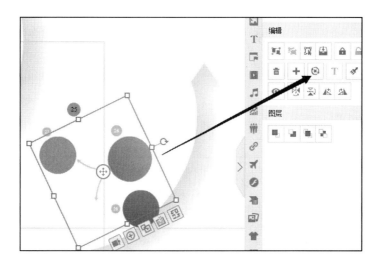

图 2-36　恢复旋转

2.3.10　添加文本

（1）单击工具栏上的"插入"图标，选择"文本"选项，如图 2-37 所示。

图 2-37　插入文本

或者单击右侧快捷工具栏的 T 图标，再单击 添加文本 按钮，如图 2-38 所示。

图 2-38　快捷插入文本

（2）把鼠标指针拖动至画板，出现蓝色方框，如图 2-39 所示，松开后得到文本输入框，即可添加文本，如图 2-40 所示。

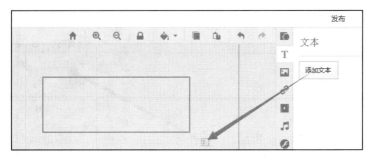

图 2-39 添加文本

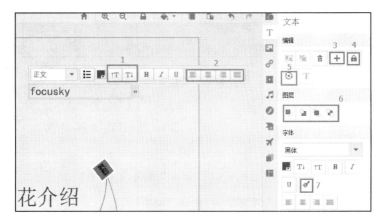

图 2-40 文本小部件

小部件的简单说明：1 为字体的扩大缩小；2 为文字对齐方式；3 为物体加入到路径；4 为锁定物体；5 为清除物体旋转角度；6 为图层叠加顺序；7 为格式刷。

（3）可以单击文本框，实现自由拖动和拉伸的操作，如图 2-41 所示。

图 2-41 文本框操作

2.3.11 使用背景

选择工具栏上的"背景"图标，然后在列表中选择不同的背景，如图 2-42 所示。

2.3.12 插入艺术图形

在 Fousky 多媒体演示制作大师中，有不少于 70 种的艺术图形可供选择，艺术图形的多选择性为用户节省了很多时间，并且达到美化幻灯片的效果。

图 2-42　选择背景

（1）单击工具栏上的"插入"图标，选择"艺术图形"选项，如图 2-43 所示。

图 2-43　插入艺术图形

或者单击右侧快捷工具栏上的 ▣ ，如图 2-44 所示。

图 2-44　插入艺术图形快捷工具

（2）选择合适的艺术图形，并将其拖动到适当的位置，如图 2-45 所示。

（3）单击艺术图形右上角的"取消组合"按钮，开始对艺术图形进行文字和图片效果的编辑，如图 2-46 所示。

（4）双击文本框，输入文字，在框选区域对文字进行润色，如图 2-47 所示。

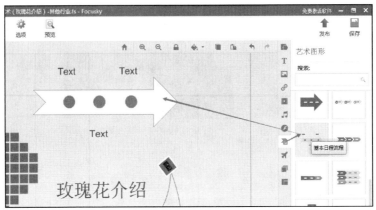

图 2-45　选择艺术图形的具体位置

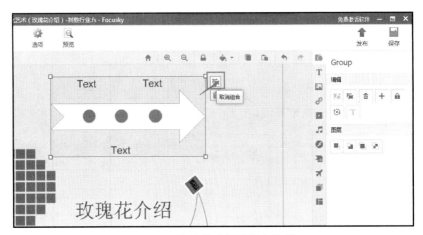

图 2-46　取消艺术图形组合选项

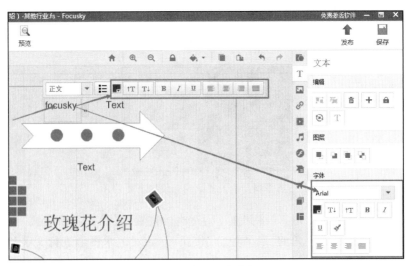

图 2-47　艺术图形文本框设置

（5）单击图形，可以在右侧图形面板上选择图形样式，如图 2-48 所示。

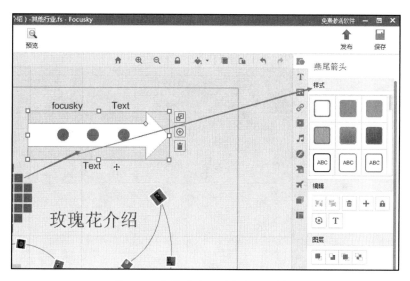

图 2-48　设置艺术图形中的图形样式

（6）单击图形，可以在右侧图形面板上进行图形的高级设置，如图 2-49 所示。

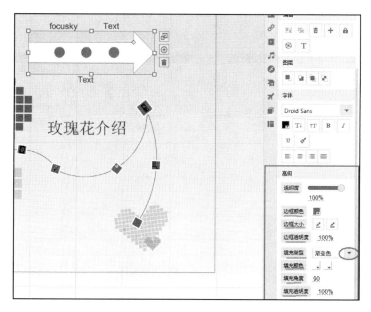

图 2-49　图形高级设置选项

2.3.13　设置动画效果

Focusky 多媒体演示软件制作功能多种多样，可以添加动画效果，包括进入效果、退出效果和强调效果。

（1）单击左下角的"为路径内容添加动画效果"按钮 ，进入动画编辑模式，如图 2-50
所示。

图 2-50　添加动画选项

（2）选择一个路径，单击右边的"添加动画"按钮，进入动画效果窗口，为路径选择动
画效果，如图 2-51 和图 2-52 所示。

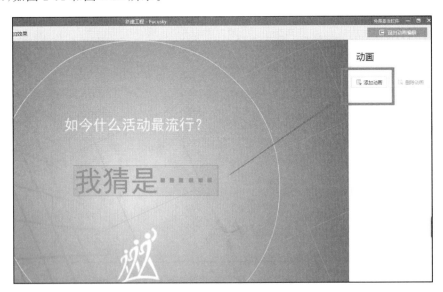

图 2-51　选择添加动画按钮

（3）选择效果后，可以自定义效果：单击播放动作、预览、更改动画效果和设置动画，
如图 2-53 所示。

（4）添加完动画效果后，单击右上角的 退出动画编辑 按钮退出。

图 2-52 选择动画效果

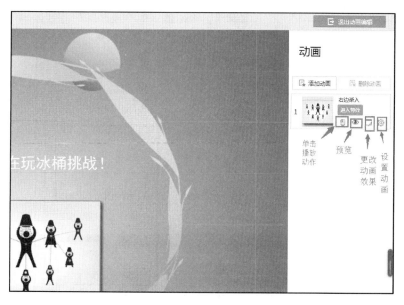

图 2-53 预览动画效果

2.3.14 插入视频

Focusky 多媒体演示制作软件可以插入本地和网络视频,使多媒体演示"有声有色"。

(1)单击右侧快捷工具栏上的"视频"图标 █,打开视频面板,然后单击"添加本地视频"按钮,在弹出的对话框中选择视频,调整插入视频的位置和大小,如图 2-54 所示。

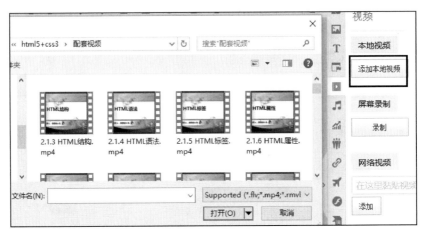

图 2-54　插入本地视频选项

（2）在高级设置上，选择视频的播放动作和停止动作、设置透明度等，如图 2-55 所示。

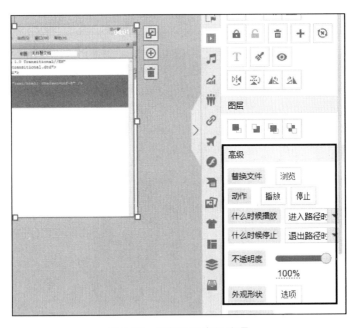

图 2-55　视频设置高级选项

2.3.15　插入音乐

（1）单击右侧快捷工具栏的"音乐"图标，在弹出的对话框中选择需要添加的音乐文件，单击"打开"按钮，打开要添加的歌曲，如图 2-56 所示，我们会看到一个音乐播放器弹出，然后可以自由调整播放器的位置和大小。

图 2-56　添加音乐对话框

（2）选择音乐的播放动作和停止动作，设置主题颜色、透明度等，如图 2-57 所示。

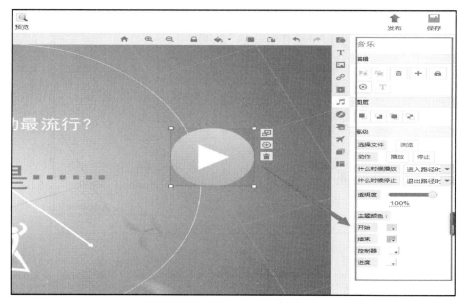

图 2-57　音乐高级设置

2.3.16　添加 Flash 动画

Focusky 不仅能插入图片，还能添加 Flash 动画，让我们的多媒体演示更加生动有趣，吸引观众的注意力。

（1）单击右边快捷工具栏上的 SWF 图标  ，在弹出的窗口里选择要插入的 Flash 动画，如图 2-58 所示。

图 2-58　插入 Flash 动画

（2）插入 Flash 动画后，可以设置 Flash 动画的透明度、大小等，如图 2-59 所示。

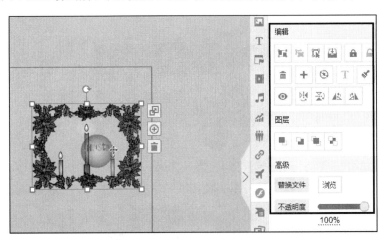

图 2-59　动画高级设置

2.3.17　添加 ∗.flv 或 ∗.mp4 视频背景

Focusky 多媒体演示制作大师可以自由添加 Flash Video 或 MP4 视频背景。

单击右上方快捷工具栏上的 图标，然后单击"选择文件"按钮，在弹出的对话框中选择 Flash Video 或 MP4 视频，即可添加成功，如图 2-60 所示。

图 2-60　添加视频

2.3.18　添加背景音乐

（1）完成多媒体幻灯片制作时，单击 选项 图标，在弹出页面里选择"展示设置"选项，如图 2-61 所示。

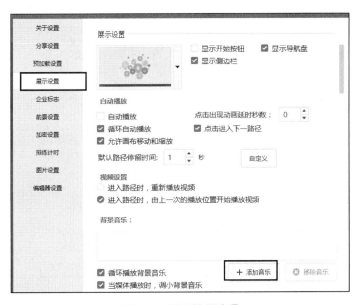

图 2-61　展示设置选项

（2）单击"添加音乐"按钮，在弹出的对话框中选择音乐，即可添加背景音乐。

（3）单击"保存"按钮，保存背景音乐。我们还可以单击"预览"按钮，查看播放效果。

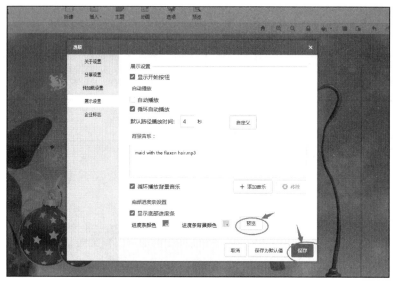

图 2-62　插入背景音乐

2.3.19　元素分组

在 Focusky 多媒体演示制作大师中,可以对多个不同的物体进行组合或者取消组合。

(1) 按住"Shift"键,用鼠标对所需组合的物体进行框选,然后单击右侧工具栏的"组合"按钮,如图 2-63 所示。

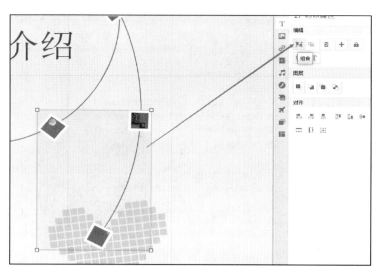

图 2-63　组合元素选项

(2) 组合完成后,可以对该组物体进行任意拖动。

(3) 若需取消该组合,可单击组合右上角的"取消组合"按钮,或者单击右侧工具栏的"取消组合"按钮,如图 2-64 所示。

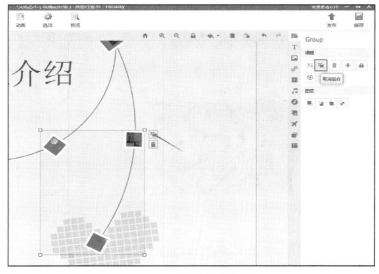

图 2-64　取消组合选项

2.3.20　发布输出文件

Focusky 动画演示大师能满足用户输出多种格式的动画演示文件的需求,包括网页、视频、应用程序以及压缩文件。

- HTML 格式:用于上传或嵌入到网页;
- MP4 或 FLV 格式:用于上传到视频网站;
- EXE 格式:用于 Windows 系统计算机本地浏览;
- APP 格式:用于苹果计算机本地浏览;
- ZIP 格式:用于邮件发送。

(1) 在 Focusky 动画演示大师上打开预发布的工程项目文件,如图 2-65 所示。

图 2-65　打开工程文件

（2）单击工具栏右上角的"发布"按钮，如图 2-66 所示。

图 2-66　发布选项

（3）在弹出的"发布"对话框上共有 5 种发布类型（网页、视频、Windows 应用程序、MAC APP 和压缩文件），选择其中任意一种后，单击"下一步"按钮，如图 2-67 所示。

图 2-67　发布类型选项

（4）选择保存动画演示稿的目录或新建一个目录。在这里，还可以修改动画演示稿的分享设置、关于设置、预加载设置、展示设置以及企业标志，也可以自定义动画演示稿的窗口大小，如图 2-68 所示。

（5）单击"发布"按钮。此时发布输出的是一个后缀名为 EXE 的文件，直接在任何一台装有 Windows 系统的计算机上打开即可直接浏览，不需要再安装软件。

注意：以前输出的是"data"文件夹＋一个 EXE 文件，而从 2.7.1 版本开始，输出的就是只有一个 EXE 文件了。

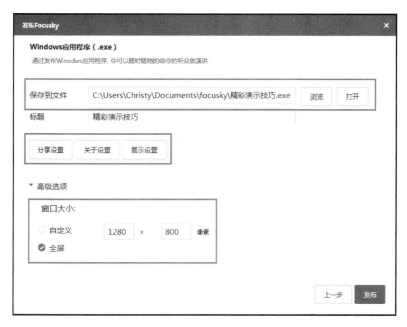

图 2-68　设置发布选项

2.3.21　幻灯片演示文稿嵌入网页

用 Focusky 多媒体演示制作大师制作的酷炫 3D 幻灯片可以很方便地嵌入个人或公司网页。通过"输出 HTML 格式""用 FTP 进行上传""嵌入代码"这简单的三步骤,就可以很快地把 Focusky 演示幻灯片嵌入网页中。具体操作如下。

（1）输出 HTML 格式。

① 单击工具栏右上角的"发布"按钮,在弹出的窗口中选择"网页(.html)"这一发布类型,如图 2-69 所示。

图 2-69　选择发布为网页

② 单击"下一步"按钮后,选择存放演示幻灯片的目录或新建目录,如图 2-70 所示。

③ 单击"发布"按钮。

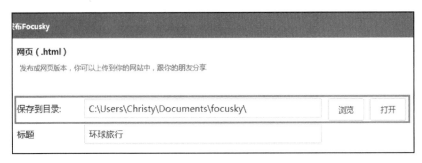

图 2-70　确认网页存储位置

（2）用 FTP 进行上传。

① 打开 FTP，登录服务器，如图 2-71 所示。

图 2-71　FTP 服务器设置

② 打开需要存放演示幻灯片的目录或者新建一个目录，我们这里以图片中的 show-box 文件夹为例，如图 2-72 所示。

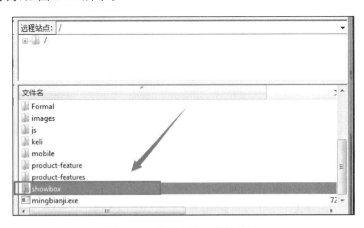

图 2-72　选择上传文件的目录

③ 把输出的 HTML 文件上传到 showbox 文件夹中。

（3）嵌入代码。

当上传完成后，用 Dreamweaver 工具打开需要嵌入的 HTML 文件，然后在需要嵌入的位置添加嵌入代码，如图 2-73 所示。

图 2-73　加入网页代码

用 iSpring Suite 制作培训测验 PPT

3.1 项目背景

在企业的日常培训中,常常需要通过测验来检验学员的培训效果,同时学员也可以通过练习与评测,对所学知识进行巩固和强化。随着移动互联网的发展,参与测试者除了可以通过 PC 打开测试试题作答之外,还可以通过手机打开测试试题作答。

PowerPoint 软件交互性相对较弱,尽管利用触发器和控件工具能够实现一定的交互,但交互效果仍然不尽人意。用 PowerPoint 软件设计的测验题,难以实现对学员的培训成果的评价和反馈功能。利用 iSpring Suite 套件中的 iSpring QuizMaker 组件,无须编程,即可制作出交互性极强的测验题。在 iSpring QuizMaker 制作的测试题中,可以添加图像、音视频、Flash 动画等素材。只需进行简单的设置,即可实现将测验结果发送到指定邮箱、服务器或者在网上提交到学习管理平台(LMS)。在 PowerPoint 中插入测验题,可以很好地弥补 PowerPoint 软件功能上的不足,大大提高培训成效和 PPT 质量。

3.2 项目简介

本项目采用 iSpring Suite 8,结合 PowerPoint,制作测验 PPT,测试者可以通过 PC、笔记本电脑、移动设备,包括手机参加测试。测试完毕,自动统计分数,给出测试中出错的题目,并可反复测试。测试结果可以及时发送到指定的邮箱。

测试题目包括正误判断题、多项选择题、多项回答题、填空题、配对题、排序题及数字题等多题型测试题,涵盖测验的各种题型。

3.3 项目制作

3.3.1 iSpring Suite 简介

iSpring Suite 是一款 PowerPoint 转 Flash 的工具,同时又是一款先进的 E-learning

课件开发工具。利用该软件，无须编程即可开发出交互性极强的 E-learning 课件，用它可以直接将 PowerPoint 课件发布成 Flash、EXE 或 HTML 等格式的课件和微课作品，也可以制作出三分屏效果的课件和微课，创建引人注目的课程、视频讲座、互动测验和调查问卷，还可以利用该软件生成适用于学习管理平台的作品，能够实现对学习过程和结果的自动管理和评价。

iSpring Suite 软件生成的作品能够在各种不同的终端设备上使用，无论是台式机、笔记本电脑还是平板电脑、手机等移动设备都能很好地呈现 iSpring Suite 生成的作品，iSpring Suite 为移动学习和泛在学习提供了强有力的支持。

该软件能够与 PowerPoint 软件完美结合，安装 iSpring Suite 软件后，它会随着 PowerPoint 软件启动而自动加载。加载后，以 PowerPoint 选项面板的形式呈现在 PowerPoint 软件的顶部，使用起来十分方便。iSpring Suite 生成的作品可以很好地保留 PowerPoint 课件原有的可视化与动画效果。在制作 PowerPoint 课件时，可以直接使用 iSpring Suite 软件面板中的功能来丰富 PowerPoint 课件的内容，弥补 PowerPoint 课件功能上的不足，从而提高 PowerPoint 课件质量。iSpring Suite 选项卡如图 3-1 所示。

图 3-1　iSpring Suite 选项卡

3.3.2　启动 iSpring QuizMaker

启动 iSpring QuizMaker 8 有两种方法：一种方法是从开始菜单中单击 iSpring Suite 8 程序组中的 iSpring QuizMaker 8；另一种方法是在 PowerPoint 中打开 iSpring Suite 8 选项卡，单击面板中的"测验"（Quiz）按钮。启动界面如图 3-2 所示。

【小贴士】单击 iSpring Suite 8 面板中的"测验"按钮启动 iSpring QuizMaker 8 时，若在此操作之前没有保存 PowerPoint 演示文稿，会弹出对话框提示保存后才能进行。保存演示文稿后，才会自动弹出 iSpring QuizMaker 8 的启动界面。

3.3.3　新建测验

单击左上角的 ⬚▾ 按钮，选择"New"→"Graded Quiz"选项，即可新建测验，如图 3-3 所示。或者单击快捷操作栏上的 ⬚▾ 按钮，选择"Graded Quiz"选项，也可以新建测验。

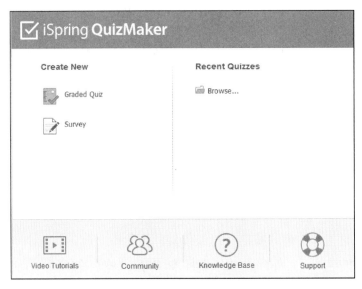

图 3-2　iSpring Suite 启动界面

图 3-3　新建测验选项

在启动界面选择"Graded Quiz"（分级测验）选项，自动创建测验，进入测验编辑窗口，如图 3-4 所示。通过选择"Browser…"按钮打开以前创建的测验。

【小贴士】单击"Survey"（调查）图标，可创建在线调查。

在测验编辑界面，测验有两个视图为"Form View"（表单视图）和"Slide View"（幻灯片视图），表示通过表单完成问题的编辑和在幻灯片环境完成测验问题编辑。对问题的编辑，在"Form View"内完成；对测验开始和结束页面，可在"Slide View"内完成。

单击"Graded Question"（分级问题）图标，可以创建的试题类型如表 3-1 所示。

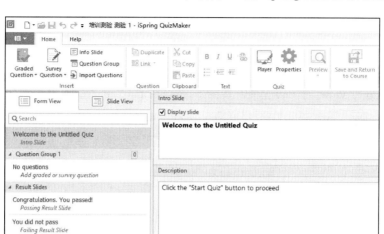

图 3-4 测验编辑界面

表 3-1 试题类型

选 项	描 述
True/False	判断正误题，直接选择答案
Multiple Choice	单项选择题，直接选择答案
Multiple Response	多项选择题，直接选择答案
Type In	输入题，可以设置多个正确答案，输入其中一个，就算正确
Matching	配对题，拖放答案，让左右内容配对，类似于常见的连线题
Sequence	排序题，拖放答案，按正确顺序排序
Numeric	数字题，根据题目输入正确的数字答案
Fill in the Blank	填空题
Multiple Choice Text	从下拉列表中选择正确答案
Word Bank	词库，从列出的选项中拖入空白处，类似于完形填空
Hotspot	热点，从图形中选择适当的位置

试题的选项如图 3-5 所示。

图 3-5 测验题类别

3.3.4 设计测验封面页

（1）在"Form View"或"Slide View"视图下，选择"Intro Slide"选项，设计测试页的封面，然后输入内容。如果不需要封面页，可以取消勾选"Display Slide"复选框，如图3-6所示。

图 3-6 测验封面页内容

（2）单击"Slide View"选项卡，可以预览当前页面效果，如图3-7所示。

图 3-7 测验封面页效果预览

【小贴士】在"Form View"视图下设计测验时，可以单击"Slide View"选项卡查看设计效果。

（3）美化封面页。选择"Slide View"，进入幻灯片视图，"Design"（设计）、"Insert"（插入）和"Animation"（动画）选项卡将随之出现。在"Design"选项卡中，可以设计页面的"Layout"（布局）、"Themes"（样式）和"Format Background"（背景样式），还可以设置字体、字号、对齐方式、列表样式和插入超链接等。通过"Bring to Front"（置于顶层）列表，将所选择内容"Bring to Front"（置于顶层）或"Bring Forward"（上移一层），或者单击"Send to Back"（置于底层）列表下的"Send Backward"（下移一层）或"Send to Back"（置于底层），更改内容的堆叠顺序。设计过程中，可单击"Preview"图标，预览当前的效果，如图3-8所示。

选择"Design"选项卡，单击"Format Background"按钮，在弹出的对话框的"Picture Fill"（图片填充）组中，如图3-9所示，单击"Texture"（纹理）旁的下拉箭头，选择填充纹理后，可选择"Close"（关闭）按钮，完成当前页面设置。或单击"Apply to All"（应用到所有）按钮，更改所有页面的填充样式。

图 3-8　Design 选项卡

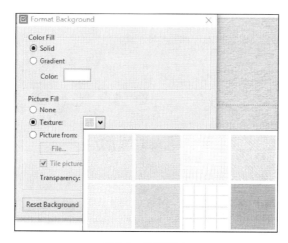

图 3-9　纹理填充

【小贴士】还可以选择"Solid"（纯色）、"Gradient"（渐变）、"Picture from"（图片）等作为背景，还可以设置图片的透明度"Transparency"。

选择"Insert"选项卡，可以在测验中插入"Picture"（图片）、"Equation"（公式）和"Character"（角色）。单击"Character"（角色）按钮，从列表中选择适当角色，插入当前页面，如图 3-10 所示。

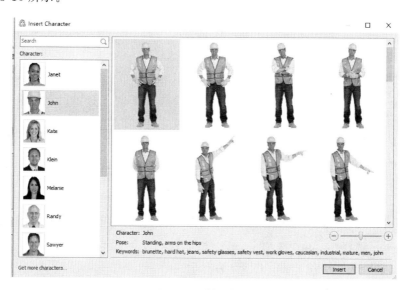

图 3-10　插入角色

设置完毕后的效果如图 3-11 所示。

图 3-11　封面页设置效果

3.3.5　制作判断正误题

1. 题干设置

选择"Form View"选项卡，在"Question Group 1"（问题组 1）中，显示"No questions"，表示当前还没有创建测验题。单击左上角的"Graded Question"按钮，选择"True/False"选项，在问题编辑区域，对问题进行设置。

如图 3-12 所示，在标注为"1"的区域，填写问题内容，在标注为"2"的区域设置该问题正确与否。如果该问题的正确答案为"False"，选中"False"前的单选按钮；如果正确答案为"True"，则需选中"True"前的单选按钮。

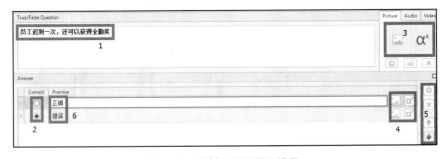

图 3-12　判断正误题题干设置

在标注为"3"的区域，可以单击 按钮，添加图片作为题干，或者单击 按钮，添加公式作为题干。选择"Audio"选项卡，可以添加音频文件作为题干。选择"Video"选项卡，可以添加视频文件或者 Flash 文件作为题干。

在标注为"4"的区域，操作方法与区域"3"类似，可以插入图片或公式，不同的是此处的图片或公式作为问题答案的图或公式，而不是题干。

在标注为"5"的区域，单击 ⊕ 按钮，可以增加答案选项；单击 ✕ 按钮，可以删除答案选项。由于判断正误题只有两个答案，因此增加答案按钮和删除答案按钮无效。单击 ⬆ 按钮，可以将答案选项向上移动一个位置；单击 ⬇ 按钮可以将答案选项向下移动一个位置。注意，处于第一个位置的答案，上移按钮不可用；处于最后一个位置的答案，下移按钮不可用。

单击标注为"6"的区域中的答案内容，可以修改问题的答案，如此处将原来的"True"改为"正确"，将"False"改为"错误"。详细情况如图 3-12 所示。

2. 计分和计时设置

单击页面下部的"Options"（选项），可以对该问题的分值和回答时间进行设置，如图 3-13 所示。取消勾选"Use default options"（应用默认选项）前的复选框。在标注为"1"的区域，"Score"（分数）后的下拉列表框中选择计分方式，此处选择"By Question"，表示按题计分。在"Attempts"后的下拉列表框中选择允许用户回答的尝试次数限制，如果设置为大于 1，则表示用户在回答该问题后，如果发现是错误的，还可以再选择回答。由于判断正误题只有两个选项，只允许回答一次。

在标注为"2"的区域，"Points"（分值）框中的数据表示本题的分值，用户可以自行输入或者通过微调按钮更改，默认为 10 分。在"Penalty"后输入框中的数据表示该题回答错误的扣分分值，用户可以自行输入或者通过微调按钮更改，默认为零，即回答错误不扣分。

如果需要限定回答该题的时间，需要勾选"Limit time to answer the question"（回答问题时间限制）前的复选框，即标注为"3"的区域，可以在"mins"和"secs"前的文本框中输入分钟数和秒数，也可以单击微调按钮修改。如无时间限制，取消勾选"Limit time to answer the question"前的复选框即可。

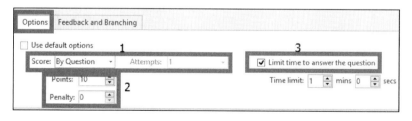

图 3-13　计分和计时设置

3. 回答题目后的反馈设置

选择"Feedback and Branching"选项卡，设置回答题目后的系统反馈。在"Feedback"（反馈）后的列表中，选择回答题目后系统的应答方式。若选择"By Question"（按问题）选项，则当用户回答该问题后，立即给出"Correct"（正确）或"Incorrect"（不正确）项目中所设置内容的提示。若选择"None"选项，则回答问题后，不给出任何提示，直接进入下一题的答题。可以在"Correct"和"Incorrect"后面的文本框中分别输入在回答正确和回答错误后的提示信息，如图 3-14 所示。

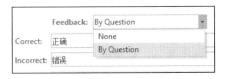

图 3-14　回答题目后的反馈设置

在实际应用中，当回答一个问题结束后，不需要测验者按顺序答题，可能会跳过某一些问题，直接回答指定的其他问题，可以通过设置"Branching"（跳转）选项来完成，此处设置为"Disabled"（不可用），如图 3-15 所示。

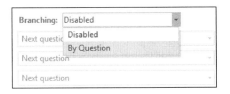

图 3-15　Branching 选项

4. 显示效果设置

选择"Slide View"选项卡，进入幻灯片设计视图。在"Design"选项卡中，单击"Layout"下拉按钮，选择"Balanced 1"布局样式，如图 3-16 所示。

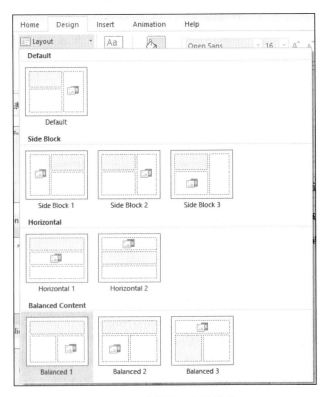

图 3-16　选择页面布局样式

选择菜单栏的"Insert"选项卡,单击"Picture"按钮,在主体部分的右边插入图片。

选择菜单栏的"Animation"(动画)选项卡,为答案设置动画。选择"Float In"(浮入)选项,在"Effect Options"(效果选项)下拉菜单中选择"From Left"(左侧浮入)选项,其他保持默认设置,如图 3-17 所示。

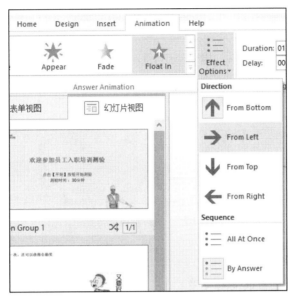

图 3-17　设置动画

5. 预览效果

单击"Home"选项卡中的"Preview"(预览)按钮,在下拉列表中选择"Preview Question"(预览问题)选项,显示当前设置的效果,如图 3-18 所示。

测验开始时,首先会弹出提示框"You have 60 sec to answer the next question",表示回答下一问题的时间限制是 60 秒,如图 3-19 所示,单击"OK"按钮开始答题。答题过程中,在页面的右上角会显示剩余的时间。若选择"正确"选项,则弹出回答"错误"的提示框(因为在第一步已经设置了"False"项为正确答案),如图 3-20 所示。若选择"错误"选项,则弹出回答"正确"的提示框,如图 3-21 所示。回答完毕后,可以单击"View Results"按钮查看结果。

图 3-18　问题预览选项

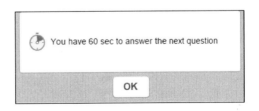

图 3-19　答题时间限制提示框

图 3-20　回答错误提示框

图 3-21　回答正确提示框

3.3.6　制作单项选择题

制作单项选择题的具体步骤如下。

（1）进入"Form View"，选择"Home"选项卡，单击"Graded Question"按钮，在下拉列表中选择"Multiple Choice"选项，此时会自动显示当前问题的显示效果，如图 3-22 所示。

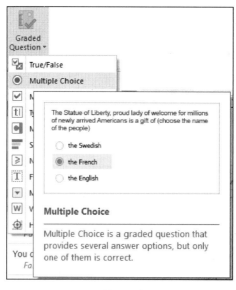

图 3-22　单项选择题选项

（2）设置题干及问题选项。如图 3-23 所示，在标注为"1"的区域，填写题干，在标注为"2"的区域设置正确答案和选项，在标注为"3"的区域，可以单击添加选项。

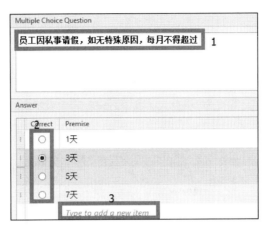

图 3-23　单项选择题

与制作判断正误题类似，可以在题干的右边部分添加图片、音频文件、视频文件作为题干，也可以插入公式，还可以在问题最下方设置题目选项和反馈，具体操作可参考 3.3.5 节。

（3）设置答案的列数。单击"Slide View"（幻灯片视图）选项卡，选择单项选择题所在的幻灯片（即本项目中编号为 2 的幻灯片），选择"Design"选项卡，在"Layout"组中单击"Answer Columns"（答案列数）按钮，在下拉列表中选择"Two Columns"（2 列）选项，如图 3-24 所示。

（4）选择"Design"选项卡下的"Layout"按钮，选择适当的页面布局，通过"Format Background"选择背景样式，选择"Insert"选项卡，插入图片，最后效果如图 3-25 所示。

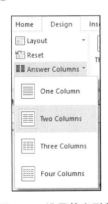

图 3-24　设置答案列数

图 3-25　单项选择题设置效果

3.3.7　制作多项选择题

制作多项选择题的具体步骤如下。

（1）进入"Form View"模式，选择"Home"选项卡，单击"Graded Question"按钮，在下拉列表中选择"Multiple Response"选项，此时会自动显示当前问题的显示效果，如图3-26所示。

图3-26　多项选择题选项

（2）设置题干及问题选项。如图3-27所示，在标注为"1"的区域，填写题干，在标注为"2"的区域，设置正确答案和选项，由于为多选题，需要将所有正确答案前的复选框都要勾选上。在标注为"3"的区域，可以单击添加选项。

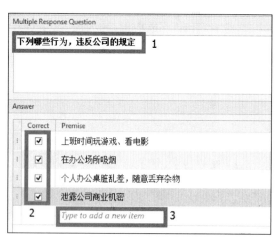

图3-27　设置多项选择题的题目

与制作判断正误题类似，可以在题干的右边部分添加图片、音频文件、视频文件作为题干，也可以插入公式，还可以在问题最下方设置题目选项和反馈，具体操作可参考3.3.5节。

另外,可参照 3.3.6 节设计布局、设置问题选项列数、背景图像、插入图片等,此处不再详述。

(3) 设置回答后的反馈。由于可以选择多个选项作为答案,测试者可能仅能选择部分正确答案出来,应该允许测试者选择部分正确答案,这需要进行设置。选择题目下方的"Options"(选项),取消勾选"Use default options"复选框,激活下面的各项选项;勾选"Allow partial answer"(允许部分答案)复选框,表示将根据答题者选择正确答案的个数来计算成绩,如图 3-28 所示。

图 3-28 设置允许部分答案

选择"Feedback and Braching"选项卡,填写各项反馈内容,如图 3-29 所示。

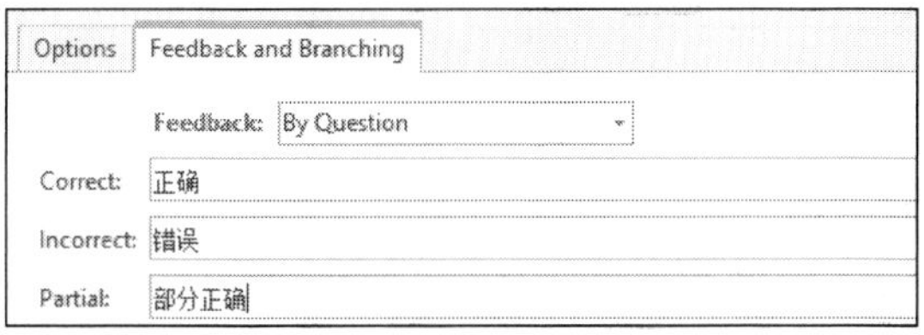

图 3-29 填写各项反馈内容

在测试者选择部分正确答案并提交后,将出现如图 3-30 所示的提示。

图 3-30 多项选择题答题反馈

3.3.8 制作输入题

输入题允许测试者输入正确答案,答案可以预先设置好,只要输入任何一个都是可以的。制作输入题的具体步骤如下。

(1) 进入"Form View"模式,选择"Home"选项卡,单击"Graded Question"按钮,在下拉列表中选择"Type In"选项,此时会自动显示当前问题的显示效果,如图 3-31 所示。

（2）设置题干及问题选项。在"Acceptable answers"列表中输入答案，测试者输入其中任何一个都算正确，如图 3-32 所示。

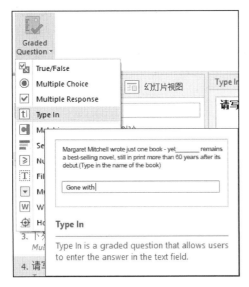

图 3-31　输入题选项

图 3-32　输入题录入

与制作判断正误题类似，可以在题干的右边部分添加图片、音频文件、视频文件作为题干，也可以插入公式，还可以在问题最下方设置题目选项和反馈，具体操作可参考 3.3.5 节。

另外，可参照 3.3.6 节设计布局、设置问题选项列数、背景图像、插入图片等，此处不再详述。

预览输入题，如图 3-33 所示。

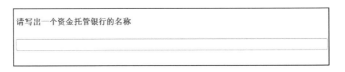

图 3-33　输入题预览

3.3.9　制作配对题

配对题类似于日常所做的连线题，具体制作步骤如下。

（1）进入"Form View"模式，选择"Home"选项卡，单击"Graded Question"按钮，在下拉列表中选择"Matching"选项，此时会自动显示当前问题的显示效果，如图 3-34 所示。

（2）设计配对题。在"Matching Question"文本框中输入配对题的内容，在"Premise"处输入选项，同时在该行后面的"Response"栏输入该选项所对应的答案，可以在选项和答案处输入公式、图片等，依次将所有选项及答案设置完毕，如图 3-35 所示。

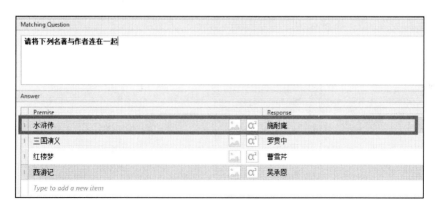

图 3-34　配对题选项

图 3-35　配对题设计

在测试过程中,自动将左边顺序和右边顺序随机排列,预览效果如图 3-36 所示。

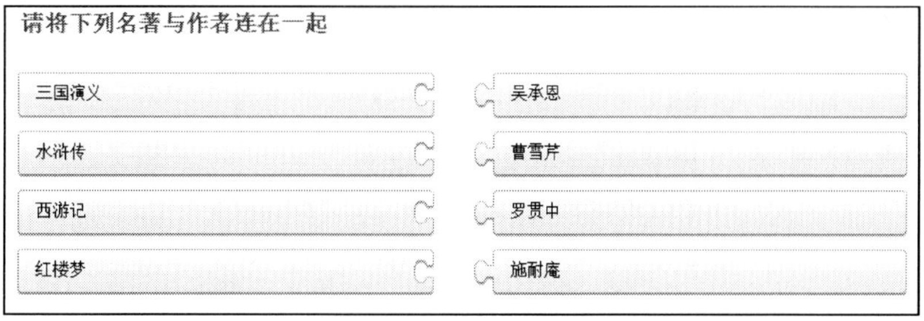

图 3-36　配对题预览

在回答时,选择左边选项,拖动到右边对应答案选项处,表示将左边的项目与右边项目配对,如图 3-37 所示。

图 3-37　配对题配对效果

3.3.10　制作填空题

制作填空题的具体步骤如下。

(1) 进入"Form View"模式,选择"Home"选项卡,单击"Graded Question"按钮,在下拉列表中选择"Fill in the Blank"选项,此时会自动显示当前问题的显示效果,如图 3-38 所示。

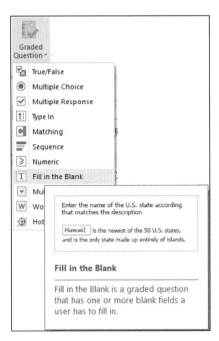

图 3-38　填空题选项

(2) 设计填空题。在"Fill in the Blank Question"部分填写题干,在"Details"处填写填空题的内容,并在 此处填写正确答案 文本框内填写正确答案,如图 3-39 所示。

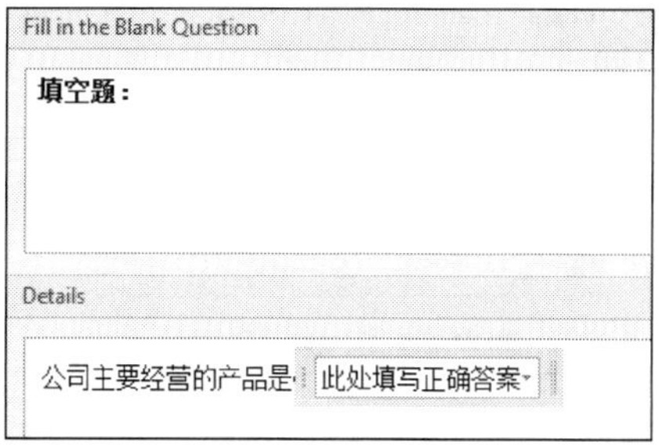

Fill in the Blank Question

填空题：

Details

公司主要经营的产品是 | 此处填写正确答案▾

图 3-39　设计填空题

预览效果如图 3-40 所示。

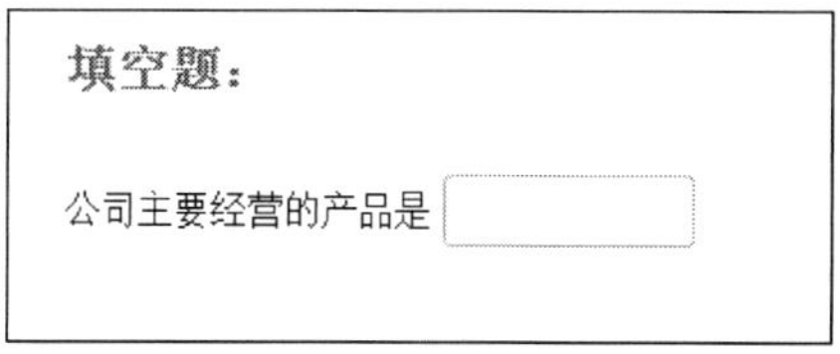

填空题：

公司主要经营的产品是 _____

图 3-40　预览填空题

3.3.11　制作排序题

排序题需要测试者将答案选项按正确的顺序排列,排列时只需拖动选项到适当的位置即可。下面以生产制造过程中的四个流程"拆卸—清洗—检查—修复"为例,介绍排序题的制作。

(1) 进入"Form View"模式,选择"Home"选项卡,单击"Graded Question"按钮,在下拉列表中选择"Sequence"选项,此时会自动显示当前问题的显示效果。

(2) 在"Sequence Question"处填写题干,在"Correct order"处按正确的排列顺序填写选项,在实际测验时,系统会自动随机排列选项的顺序,如图 3-41 所示。

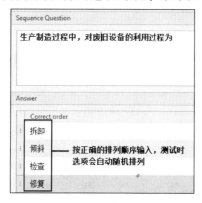

图 3-41　制作排序题

在测试者回答问题时,仅需选择选项,按住鼠标左键,将选项拖动到相应位置,按正确顺序排列即可。效果预览如图 3-42 所示。

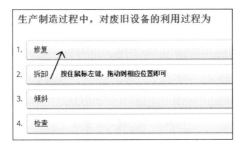

图 3-42　排序题制作效果预览

3.3.12　制作词库题

词库题允许测试者从备选答案中拖动正确答案到适当位置。制作词库题的具体过程如下。

（1）进入"Form View"模式,选择"Home"选项卡,单击"Graded Question"按钮,在下拉列表中选择"Word Bank"选项,此时会自动显示当前问题的显示效果。

（2）在"Word Bank Question"处填写题干,在"Details"的每个空格处填写正确的答案,如果需要增加空格,单击右边的"Insert Blank"按钮,在题目中插入填空空格,还可以在"Extra Items"处填写无关选项,如图 3-43 所示。

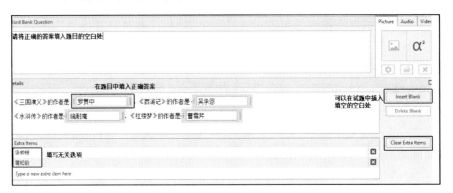

图 3-43　制作词库题

制作完毕后的预览效果如图 3-44 所示。

图 3-44　词库题预览

3.3.13 测验结尾页

当测验完毕后,测验者可能通过测试,也可能没有通过测试,我们可以设置在页面上向测试者展示的内容,可以通过"Result Slide"(结果幻灯片)中的"Congratulations. You passed 1"和"You did not pass"两个幻灯片来设置,如图 3-45 所示。

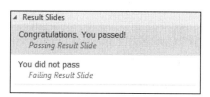

图 3-45 测验结尾页

单击"Congratulations. You passed!",进入"测试通过"页面内容设置。在"Display slide"文本框中输入提示信息。在"Options"选项组中设置该页面要显示的测试内容。"Show user's score"表示在测试页面上显示测试者的成绩;"Show passing score"表示显示多少成绩才能通过测验;"Show "Finish" button"表示在页面上显示 Finish 按钮,测试者单击按钮完成测验;"Enable Quiz Review"表示允许测验者返回去查看每个试题;"Show correct answers"表示在回顾每个测试题的时候,对回答错误的试题显示正确答案;"Enable detailed results"表示将显示结果的详细信息;"Allow user to print results"表示允许用户打印结果,详细信息如图 3-46 所示。

单击"You did not pass"进入测验没有通过的页面内容设计,方法与上面类似。

至此就完成了常见测试的各种类型设计,效果如图 3-47 所示。

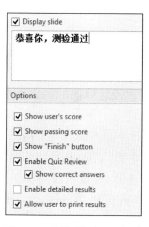

图 3-46 测验通过页面设计

图 3-47 常见测试题目设计结果

3.3.14 测验的全局设置

到目前为止，我们完成了试题的制作，可以通过单击"Preview"按钮，选择"Preview Quiz"选项预览整个测验效果。但要让测试者方便地参加测试，并收集测验结果等，还需要做更多设置。

1. 测验的属性设置

进入"Home"选项卡，选择"Quiz"功能组中的"Properties"按钮，进入测验的设置界面。可以对测验的主属性、用户测验过程中的导航、问题默认值以及测试完毕后进行设置。单击左侧的"Main"选项，设置测验的主属性，如图 3-48 所示。

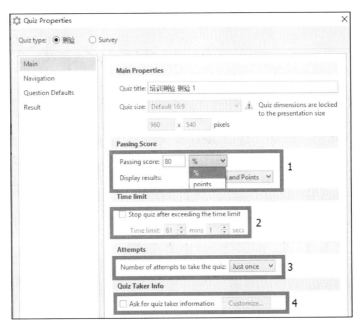

图 3-48　测验主属性设置

在标注为"1"的区域，设置通过测验的标准。可以设置回答正确率或者按分数计算。此处设置为回答正确率达到 80％ 即为通过。"Display results"设置测验分数显示的内容。

在标注为"2"的区域，设置整个测验是否需要限制时间，如果需要限制测验的时间，则需要勾选"Stop quiz after exceeding the time limit"（在设定时间后结束测验）复选框，在"Time limit"后的文本框中设定时间。

在标注为"3"的区域，可以设定测验者在同一次测试中是否需要反复测验。单击"Number of attempts to take the quiz"后的下拉框，选择测验次数。本例选择仅能测验一次。

【小贴士】如果一个测验者在测验完毕后，再打开测验，还是可以继续开始测验的。

在标注为"4"的区域，设置是否需要测验者提供个人信息，如果需要，则勾选"Ask for quiz taker information"复选框，并单击"Customize"按钮，进入填写测试者个人信息的对话框。

2. 设置测验者需要输入的信息

当勾选"Ask for quiz taker information"复选框,并单击"Customize"按钮时,弹出如图 3-49 所示的对话框,可以设置测验者输入的信息。每条信息下的三个选项意义如下。

"Mandatory":必填项,测试开始时,在页面展示该项目,测试者必须输入该项目,才能进行测试。

"Optional":选填项,测试开始时,在页面展示该项目,但用户可以选填。

"Do not ask":在页面上不展示该项目,用户也不用填写。

可以通过右侧的按钮增加或删除内容,也可以单击上下箭头按钮,调整输入字段的顺序。

在本例中,我们将"Name"和"Email"字段设置为必填项。

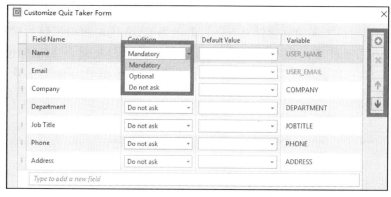

图 3-49　测验者信息输入设置

3. 设置答题顺序

测验的设计者可以设置题目出现的顺序,或者设置是否允许测试者未答完题即可提交等选项。

进入"Home"选项卡,选择"Quiz"功能组中的"Properties"按钮,选择左侧的"Navigation"选项,设置在测试页面上显示问题的方式,如图 3-50 所示。

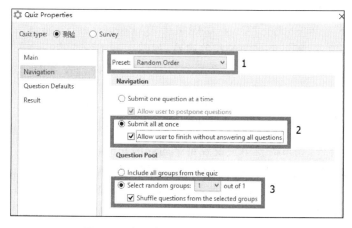

图 3-50　设置问题在页面的显示方式

在标注为"1"的位置,从下拉列表中选择答题顺序,在本例中选择"Random Order"(随机顺序)选项,表示按随机顺序从题库中选择问题作答,每个测验者回答题目的顺序可能不一样。

在标注为"2"的区域,设置了允许测验者不用回答完所有问题,即可提交,结束测验。

在标注为"3"的区域,可以设置测验题的来源,由于在本例中,只有一个组"Group1",所以测试题只能从该组中选择。如果勾选"Shuffle questions from the selected groups"复选框,则表示测验题将从选中的组中重新组合。

【小贴士】对于测验题组的管理,可以在"Home"选项卡下,选择"Form View",单击封面页下面的 "Question Group 1",进入试题组的设置界面,单击窗口邮件的组名称,进行修改。

新建试题组,进入"Home"选项卡,在"Insert"功能组中单击"Question Group"按钮,即可在当前位置建立试题组。

采用试题组可以方便地创建针对不同目的的测验,方便对测验试题的管理。要建立新的组,可以在"Form View"中组的名称上面单击右键,选择复制,并粘贴即可。

在窗口右边,可以设置对"Questions Pool"(试题池)中试题的选取方式,既可以选择组中的所有试题,也可以从该组中随机选择一定数量的试题,方便快速组卷,如图 3-51 所示。

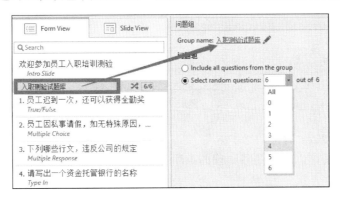

图 3-51　试题组设置

4. 设置问题默认值

进入"Home"选项卡,选择"Quiz"功能组中的"Properties"按钮,选择左侧的"Question Defaults"选项,设置每个试题的相关属性,如图 3-52 所示。

在标注为"1"的区域,"Points"设置每个题的分数,在此处设置的分数对测验的所有题都生效。如果需要单独设置每个题的分值,可以参考 3.3.5 节设置。在对每个题目设置分数后,该题将按单独设置的分数计算,不再按此处统一的分数计算。

通过"Penalty"设置测验者回答错误后的扣分,默认为 0。同样此处设置的扣分对测验的所有问题都有效,如果需要单独设置每个问题的扣分,可以参考 3.3.5 节设置。

在标注为"2"的区域,通过"Attempts"后的下拉列表设置测验者可以参加测验的次数。默认值为 1 次。勾选"Shuffle answers"复选框,表示将每道题的答案打乱顺序,不按照设计试题时的顺序排列。

在标注为"3"的区域中,可以设置测试者在回答问题后的反馈信息,如果需要将该设置应用到所有试题回答后的反馈,单击"Apply to All"按钮即可。

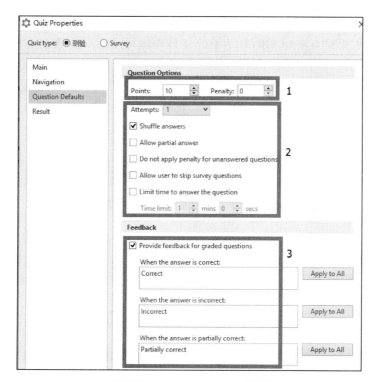

图 3-52 Question Defaults 选项

5. 设置测试结果的处理

用户测试完毕，无论测试是否通过，都可以进行相应的处理。具体设置过程如下。

进入"Home"选项卡，选择"Quiz"功能组中的"Properties"按钮，选择左侧的"Result"选项，可以对测试完毕后的结果动作进行设置，如图 3-53 所示。

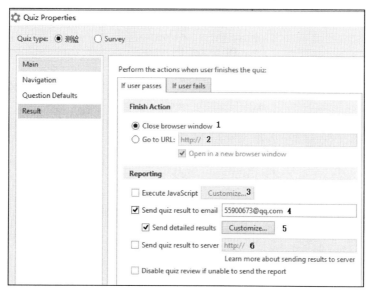

图 3-53 测试结果设置

标注为"1"的"Close browser window"表示当测试完毕后,关闭当前页面。

选择标注为"2"的"Go to URL",并在文本框中填写网址,表示测试完毕后,打开文本框中填入的网页。

标注为"3"的选项表示可以执行指定的网页代码。

标注为"4"的"Send quiz result to email"表示可以将测试结果发送到指定的邮箱,并且可以通过"Send detailed results"后的"Customize"按钮,定义发送的测试的详细内容,也可以选择将测试结果发送到指定的服务器(在标注为"6"的文本框中填写服务器地址)。

3.3.15 自定义按钮、标签和提示文字内容

由于 QuizMaker 暂时无汉化版,按钮、标签及提示文字均为英文。测验的制作者可以方便地设定每个按钮和标签以及提示文字的内容。

选择"Home"选项卡"Quiz"功能组中的"Player"按钮,在打开的窗口中选择"Text Labels"按钮,如图 3-54 所示。

图 3-54 自定义测验按钮、
标签和提示文字内容

3.3.16　发布测验

当测试制作完毕后,可以快速将测验发布到网上,或者发布为 Flash 文件和可执行文件(.EXE 文件),测试者可以在 PC、Pad 或智能手机上通过网络参加测试,或者直接单击可执行文件和 Flash 文件参加测试。有如下两种途径发布测验。

第一种:在 Quiz Maker 界面内,单击窗口左上角的 ▣▾ 按钮,选择"Publish"(发布)命令,在弹出的对话框中选择"Web"选项,在"Quiz Title"文本框中填写测验的标题,单击"Browser"按钮选择在本机保存文件的位置,在"Output"列表中选择"Combined(HTML5＋Flash)"选项,"Use iSpring Viewer"选项可选,设置完毕后单击"Publish"按钮,即可将所有文件保存到相应位置。

第二种:在 PPT 界面内,进入"iSpring Suite 8"选项卡,单击"发布"按钮,进入 PPT发布界面,如图 3-55 所示。

图 3-55　通过 PPT 发布测验

【小贴士】发布完毕后,可以将保存到本地计算机的测验文件夹下的所有文件通过FTP 等方式,上传到指定网站,测试者即可通过网络参加测试。如图 3-56 所示,如果选择发布的类型为"Executable(EXE)"(可执行程序)选项,则生成一个可执行文件,用户直接单击该文件即可运行;如果选择"Desktop(Flash)"选项,则生成一个 Flash 文件,可以将该文件插入到其他 PPT 中,在播放 PPT 的过程中即可参加测验。

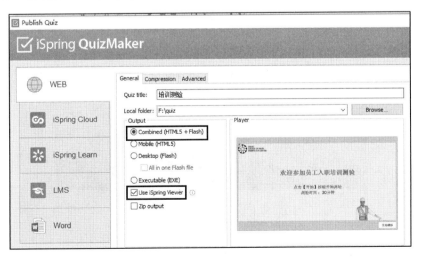

图 3-56　发布界面

图 3-57　用浏览器打开网页文件

在预览窗口，单击左上角的"Desktop"按钮，选择"Desktop"（PC 桌面）、"Tablet"（平板电脑）和"Smartphone"（智能手机）查看效果，也可以通过浏览器打开在本例中导出到本地文件夹下的 index. html 文件，如图 3-57 所示。

在 PC 上通过浏览器打开该测试效果如图 3-58 所示。

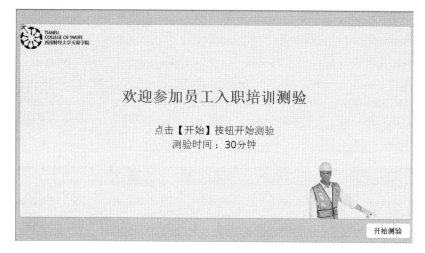

图 3-58　通过浏览器预览效果

在 Pad 上打开该测试效果如图 3-59 所示。

图 3-59　平板电脑预览效果

在手机上打开该测试效果如图 3-60 和图 3-61 所示。

图 3-60　手机预览效果一

图 3-61　手机预览效果二

项目 4

使用 Articulate Storyline 制作中文课程——"有点儿"和"一点儿"的中文辨析

4.1 项目背景

我国日益强大,在世界上的地位也越来越高,汉语受到了越来越多外国友人的重视。汉语文化博大精深,很多用词都有微妙的技巧。本项目通过制作一个交互式的 PPT 课件,把看似枯燥的一堂中文课,变成一次有趣美妙的学习之旅,并且该课件支持各种移动端在线学习,方便了广大中文爱好者。

4.2 项目简介

本项目的主要内容是针对词汇量在 1 500 字左右的汉语学习者,讲授"有点儿"和"一点儿"在与形容词搭配时的不同用法。主要使用软件是 Articulate Storyline 2,通过该软件设计出一个交互式 PPT,实现交互式学习。该项目是一个完整的学习项目,由课程介绍、学习和思考、测试题三大部分组成,通过每一部分的设计制作详细介绍了 Articulate Storyline 软件在制作交互式课件时各种功能的使用方法。

4.3 项目制作

4.3.1 Articulate Storyline 简介

Articulate Storyline 2 是 Articulate 公司继 Articulate Studio 09 后发布的一款新的课件制作工具,它具有无可比拟的交互功能,它将帮助用户建立动态的、引人入胜的内容,其中包含模拟、屏幕录制、拖放式交互、单击显示活动,以及测试和评估等。Storyline 的出现使课程的制作变得更简单,直观亲切的界面、易于理解的功能、丰富的人物数据、精致的模板,所有的一切带给用户事半功倍的体验。

Articulate Storyline 2 具有以下非常明显的优势功能。

(1) 完全脱离 PPT 使用,发布速度极快。

(2) 中文字体支持强大,基本无乱码问题。

(3) 极具个性化的人物角色,超过 47 500 种人物、表情和动作的组合。

(4) 革命性的互动效果,轻松做出 Flash 的互动效果。

(5) 图层化的设计理念,一个页面可创建多种互动。

(6) 灵活的测试评估,25 种题型可选,拖拽式互动更具人性化。

(7) 集成了屏幕录制和软件模拟功能,一次录制,三种呈现模式。

(8) 可以发布为 HTML5,在平板电脑和手机中播放。

4.3.2　Articulate Storyline 的安装

Articulate Storyline 的安装比较简单,用户可以在 Articulate 官方网站(http://www.articulate.com)上或者其他可以下载 Storyline 的网站上下载其汉化版。

下载完毕后,将 Storyline 压缩包解压缩,具体步骤如下。

(1) 找到安装包  ,双击运行,启动安装向导,同意之后单击"INSTALL NOW"按钮,如图 4-1 所示,即进入安装界面。

图 4-1　安装开始界面

(2) 安装过程如图 4-2 所示。

(3) 单击"FINISH"按钮安装完成。

(4) 安装完成后单击"开始"菜单或桌面快捷图标,启动 Articulate Storyline 2,进入 Articulate Storyline 2 欢迎界面。该界面有三个小模块,分别是创建新项目、打开近期编辑过的项目和在线学习与资源下载,如图 4-4 所示。

① 新建项目:建立一个以.story 为后缀名的文件,一个项目里包含场景、幻灯片、各种多媒体素材、触发器等内容,并最终可以发布出来。

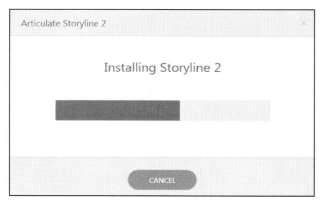

图 4-2　安装过程界面

图 4-3　安装完成界面

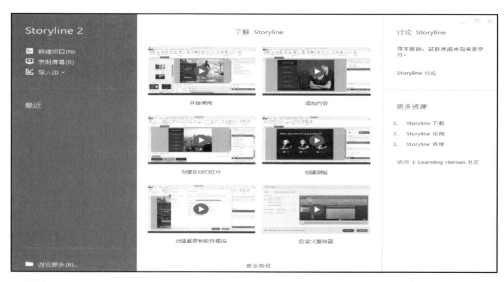

图 4-4　Articulate Storyline 2 欢迎界面

② 录制屏幕：此功能相当于一款录屏软件，单击"录制屏幕"选项，系统自动录制当前屏幕，录制完毕可以直接导入幻灯片里。

③ 导入：Storyline 2 中可以实现五种情况的导入。

• 导入 PowerPoint：可以将 PPT 页面导入项目中，保持了 PPT 页面所有的内容、版式，并保持了一部分动画。

• 导入 Quizmaker：与导入 PPT 类似，单击此按钮可以将在 Quizmaker 中编辑的试题直接导入 Storyline 中。

• 导入 Engage 互动。

• 从文件导入问题。

• 从文章模板导入。

4.3.3　Articulate Storyline 的工作界面

1. 故事视图界面介绍

在欢迎界面单击"新建项目"选项，进入故事视图界面，如图 4-5 所示。

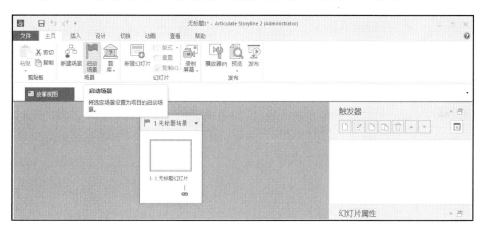

图 4-5　故事视图界面

整个课程里所有的场景和幻灯片都会显示在视图界面中。故事视图界面有标题栏、菜单栏、工具栏和触发器面板、幻灯片属性面板等。在工具栏的剪切板中有剪切、复制和粘贴功能，在视图界面可以选中场景或者幻灯片进行剪切和复制。

【小贴士】此功能也可以通过选中某个场景或幻灯片，在其右击选项中选择不同选项来实现，其中场景的右击选项与幻灯片的右击选项略有不同。

2. 幻灯片界面介绍

在视图界面，选中一个幻灯片双击，即可进入幻灯片界面，如图 4-6 所示。

幻灯片界面主要由标题栏、菜单栏、工具栏、幻灯片列表栏、舞台、触发器面板、幻灯片图层面板、时间轴、状态栏与备注栏组成。幻灯片界面工具栏和视图界面工具栏不同，主要由剪切板、幻灯片、字体设置、段落设置、绘图设置和发布六部分组成。

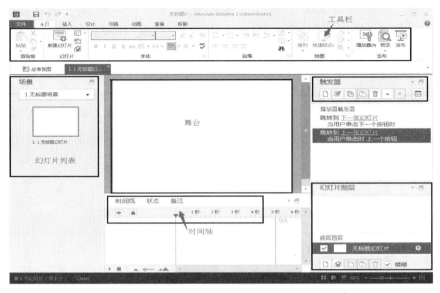

图 4-6　幻灯片界面

一个场景里的幻灯片列表面板可以让场景和幻灯片的选择更加方便。通过该面板上的下拉框按钮可以选择项目中的不同场景,选择好场景,即可以看到该场景中所有幻灯片,双击任何一张幻灯片,即可进入幻灯片编辑界面。

剪切板、幻灯片、字体、段落和绘图里面的选项和 Office 2010 中的大致相同,使用方法将在后面的案例中展示。

发布中,可以对播放器的形式进行设计,如播放器的背景色、按钮、目录等;预览,可以预览当前幻灯片、某个场景以及整个项目;发布,可以将项目打包成各种格式,如 exe、html、CD 等,形成一个独立的可浏览文件。

4.3.4　新建项目

双击桌面上的 Articulate Storyline 2 快捷图标或者从程序里面打开 Storyline,单击"新建项目"选项,进入视图界面。在该界面中,首先进行该项目 PPT 尺寸的设置。

【小贴士】设计尺寸时要和课程发布的工具,如手机、平板要求一致,不要过大,尽量减少学习者下载时所用流量,加快下载速度。

单击菜单栏上的"设计"选项卡,在该栏中单击"文章大小设置"按钮,打开"更改文章大小"对话框,如图 4-7 所示。

在该窗口中提供两种常用的文章大小"720×540(4∶3)"和"720×405(16∶9)",也可以根据实际需要自定义大小。本例中使用"720×540(4∶3)"大小尺寸。然后把鼠标指针放在无标题场景处,右击,在弹出菜单中选择"重命名"选项,如图 4-8 所示,把该场景的名字改为"开篇"。双击无标题幻灯片,进入幻灯片视图界面。

图 4-7　文章大小设置窗口

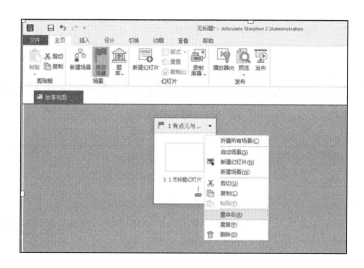

图 4-8　重命名场景的名称

4.3.5 设计母版

为了让整个文件幻灯片风格一致,Storyline 也和 PowerPoint 一样提供幻灯片母版设置功能。在菜单栏中选择"查看"→"幻灯片母版"选项即可进入幻灯片母版编辑界面,如图 4-9 所示。

【小贴士】幻灯片母版的第一张幻灯片里面的内容将会被应用在整个幻灯片中,因此可以在第一张幻灯片母版中设计所有幻灯片的整体风格。

右击第一张幻灯片,在弹出菜单中选择"设置背景格式"选项,或者在选项卡"背景"中选择"背景样式"选项,打开设置背景格式对话框,如图 4-10 和图 4-11 所示,在该对话框中,可以对幻灯片的背景进行各种填充设置,也可以对设置好图片的属性进行修改。本案例中采用纯白色填充。

图 4-9　幻灯片母版

图 4-10　填充设置

图 4-11　图片修改

在菜单栏上单击"插入"→"图片"选项,把素材里的图片插入该幻灯片中合适的位置,这样所有的幻灯片都有了相同的样式效果,效果如图 4-12 所示。

幻灯片首页一般用来显示整个文件的大标题,所以它的设计风格往往会和后面的页面有所不同,因此可以在对幻灯片母版设计完成后,单独重新设计幻灯片首页。

图 4-12　母版统一效果

4.3.6　首页背景设计

在"幻灯片母版"菜单中,单击"关闭母版视图"选项,回到幻灯片视图界面。选中第一张幻灯片,右击,在弹出菜单中选择"设置背景格式"选项,打开"设置背景格式"对话框,在"填充"选项中勾选"隐藏背景图形"复选框,然后单击"关闭"按钮,即可把首页的背景样式去掉。

【小贴士】勾选"隐藏背景图形"复选框后,不要单击"应用到所有"按钮。

在本案例中,首页去掉背景样式后,在菜单栏上选择"插入"→"图片"选项,把准备好的首页素材插入合适的位置,然后在幻灯片列表中双击该页下面的标题,为其重命名为首页,效果如图 4-13 所示。

图 4-13　首页背景

4.3.7　首页文字添加

Storyline 中在幻灯片上添加文字和 PowerPoint 中的添加方法一样,要用到文本框。单击"插入"→"文本"选项,选择"文本框"选项,鼠标指针变成＋的形状,这时可以在幻灯片上合适的位置画两个文本框,分别在里面添加文字"有点儿和一点儿的区别"和"版权所

有"，并在"主页"菜单里的"字体"选项卡中对文字框里输入的文字进行格式的调整，如图 4-14 所示。

图 4-14　添加文字

4.3.8　添加按钮

按钮是交互式 PPT 中非常重要的一个实现交互的媒介，学习者可以根据其提示进行下一步的学习。依次单击"插入"→"互动对象"→"控件"选项，在弹出列表中有两个按钮选项，任选其中一种插入，如图 4-15 所示。

图 4-15　插入按钮

　　插入按钮后,要对按钮的属性进行设置,步骤如下:右击按钮,在弹出菜单中选择"编辑文本"选项,然后在按钮上写上"开始学习"四个字。选中按钮,在菜单栏上就会出现"格式"一栏,在"按钮格式"选项卡中可以对按钮的颜色、边框和效果进行修改。选中按钮,在"格式"选项卡的"按钮图标"中为按钮上添加,可以为按钮上添加更多的图标进行修饰,这些图标的属性也可以通过"对齐图标""图标颜色"和"删除图标"选项来进行调整。本案例的效果图如图 4-16 所示。

图 4-16　首页效果图

　　另外,还可以给按钮添加动态效果。选中按钮,单击舞台下方的"状态"→"编辑状态"选项,从五种状态中选择一种状态,本案例中选择"悬停"。选中后"悬停"变成蓝色,此时回到幻灯片中选中按钮,在"格式"→"按钮样式"中选择其他一种颜色作为悬停时按钮的颜色,如图 4-17 所示。

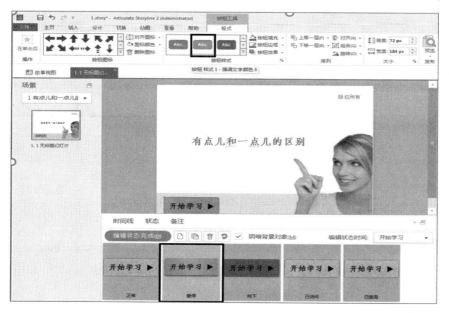

图 4-17　设置按钮的状态

4.3.9 给首页上的所有元素添加动画

Storyline 中给元素添加动画和 PowerPoint 中操作方法相似。在 PowerPoint 中可以对幻灯片中的对象设置各种各样的动画,Storyline 中也提供了一些动画效果,但是较 PowerPoint 而言,Storyline 中支持的动画效果较少。在菜单栏中单击"动画"选项,进入动画类型选择面板,动画主要有三种类型:进入动画、退出动画和动作路径。

首先,选中"有点儿和一点儿的区别"文本框,单击菜单栏上的"动画"选项,在"进入动画"选项卡中选择一种进入方式,本案例中选择"飞入";在"效果选项"中可以选择飞入的方向,此处选择"从右侧飞入"。

其次,把"开始学习"按钮放在幻灯片的最右边,在"动作路径"选项卡中单击"添加动作路径"选项,从中选择一种路径动画,此处选择"自由曲线"。

最后,在舞台下面的"时间线"中选中"开始学习"按钮选项,鼠标指针会变成四个方向的箭头,此时拖动"开始学习"按钮,调整其出现的时间,此处调整为 2.5 秒时按钮出现。设计过程如图 4-18 所示。

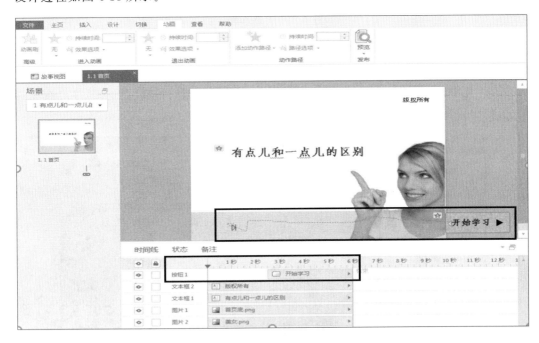

图 4-18　动画设计过程

4.3.10 给"开始学习"按钮添加交互

触发器是 Storyline 中实现交互的主要工具,可以通过对触发器添加不同的动作而实现不同的交互效果。插入触发器既可以通过触发器面板中的新建触发器按钮实现,如

图 4-19 所示,也可以通过"插入"菜单下的"触发器"按钮实现。单击"触发器"图标,即可进入触发器编辑窗口。设置好每个选项后,单击"确定"按钮即可插入触发器动作。

图 4-19　触发器面板

　　本案例中,选中"开始学习"按钮,单击"触发器"图标,在弹出的"触发器向导"对话框中进行设置,如图 4-20 所示。

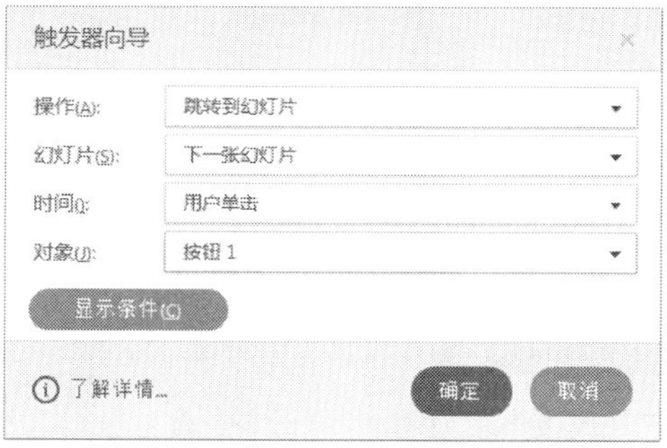

图 4-20　触发器向导

　　以上是案例中幻灯片首页设计的全过程,设计完成后可以在菜单"主页"→"发布"中单击"预览"→"此幻灯片"选项,观看设计的最终效果(如图 4-21 所示)。

图 4-21　首页最终效果

4.3.11 给"版权所有"处添加动态 Logo

本案例中要实现把鼠标指针放在"版权所有"上出现企业 Logo,该项功能要用层来实现。层是项目交互中的主要元素之一,与触发器相结合可以实现多种互动效果。有两种方法可以插入层:

① 单击"插入"菜单下的"幻灯片图层"选项即可在当前幻灯片中新建一个层;

② 单击幻灯片编辑窗口右下角面板中的新建图层按钮也可以新建图层。

本案例操作步骤如下。

首先,在幻灯片图层处单击"新建图层"图标,新建一个图层,并命名为"企业 Logo",如图 4-22 和图 4-23 所示。

图 4-22　新建图层　　　　　　　　图 4-23　选中并重命名图层

【小贴士】哪一图层的名称颜色是蓝色,那么就表明目前是在这一图层上面设计。

其次,依次单击"插入"→"插图"→"图片"选项,插入企业的 Logo 图片,并放置在"版权所有"四个字旁边,如图 4-24 所示。

图 4-24　在图层中插入图片

最后,回到首页幻灯片,给"版权所有"四个字添加触发器。在触发器面板上选择"新建触发器",在弹出的触发器向导对话框中进行设置,效果如图 4-25 所示。

图 4-25 设置显示图层

总结:通过对第一张幻灯片的整体设计,初步讲解了 Storyline 设计交互式 PPT 的四大模块,即幻灯片基本设计、时间线、状态栏、触发器和图层的使用方法,以下章节将会详细讲解每个模块中特有的功能。

4.3.12 新建幻灯片

新建项目时,软件会自动新建一个场景,并在该场景下自动建一张幻灯片,当需要更多的幻灯片时,就要通过新建幻灯片来实现。新建幻灯片的方法有两种,一种是单击菜单"插入"→"幻灯片"→"新建幻灯片"选项;另一种是在幻灯片列表处单击右键,选择"新建幻灯片"选项,打开"插入幻灯片"对话框,如图 4-26 所示,在其中选择一种版式,单击"插入"按钮即可。本案例中选择空白版式并重命名为"课程简介"。

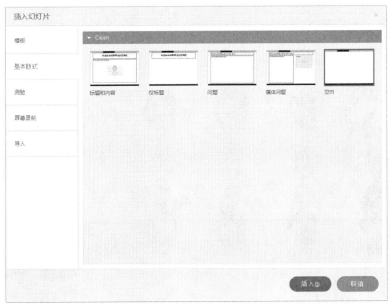

图 4-26 插入新幻灯片

1. 插入图片和文字

依次单击"插入"→"插图"→"图片"选项,把提前准备好的黑板图片插入到新建的"课程简介"幻灯片中。依次单击"插入"→"文本"→"文本框"选项,插入三个文本框,并输入文字,设置合适的样式,如图 4-27 所示。

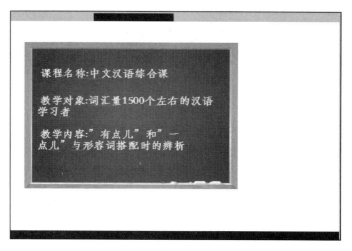

图 4-27　插入图片和文字

2. 插入人物

形象逼真的人物角色常常是课程中必不可少的元素,有时一个简单的人物角色可能需要花费很长时间在网上搜索,而 Storyline 中自带有人物图像并配有不同的表情。通过依次单击菜单栏的"插入"→"插图"→"人物"选项,可选择适合的人物插入。人物分为插图类人物和实拍类人物,如图 4-28 和图 4-29 所示。

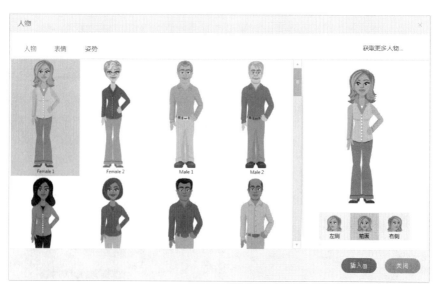

图 4-28　插图类人物

图 4-29　实拍类人物

　　本案例中选择一种插图类人物,并选择合适的表情和姿势,插入幻灯片中,如图 4-30 所示。

图 4-30　插入人物

3.导入音频并同步旁白

　　依次单击菜单栏上的"插入"→"媒体"→"音频"选项,在 Storyline 中有两种插入音频的方法,一种是从文件夹中调入现有的音频;另一种是现场录音。

4.现场录音

　　在"音频"选项中单击"录音麦克风"按钮,弹出录音麦克风对话框,如图 4-31 所示。

图 4-31　录音

单击红色按钮后就可以开始录音,录音完成后单击"保存"按钮,即可在时间线中看到多出一个音频项,如图 4-32 所示,预览此幻灯片,即可听到配音。

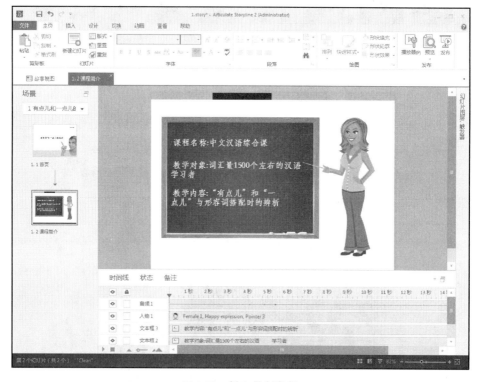

图 4-32　插入录制音频

【小贴士】Storyline 中不仅可以给幻灯片中的对象设置动画效果,还可以给幻灯片中的每个对象设置具体进场时间。在幻灯片舞台下面,单击时间线即可进入时间线设置面板。其中,眼睛按钮表示对象在幻灯片中的可见性,眼睛睁开表示对象可见,当眼睛睁开时再次单击,即可让眼睛闭上,此时表示该对象在幻灯片中不可见。单击眼睛按钮旁边的矩形框,即可锁定该栏的对象,不可对其进行任何编辑,再次单击小锁即可解除锁定。矩形框右侧是每个对象的名称,双击名称,即可对该对象重命名。

5. 加入现有音频

在"音频"选项中选择"文件中的录音",在弹出的对话框中选择要插入的音频文件,即可把音频插入到幻灯片中。

6. 同步旁白

为了实现音频中讲解哪句话幻灯片上就出现哪句话,在"时间线"上选中音频,单击空格键,音频就会自动播放,根据音频,在"时间线"上调整每个文本框出现的时间,如图 4-33 所示。

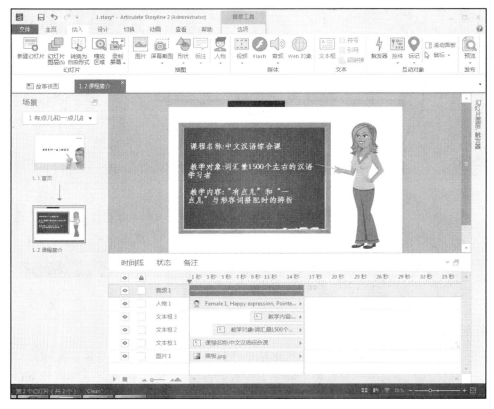

图 4-33　同步旁白

【小贴士】同步旁白时,本案例中三项内容是分别放在三个文本框里的,如果这三项内容是放在同一个文本框里,要实现同步,需要先给该文本框加一个进入动画,然后在"进入动画"选项卡的"效果选项"中选择"段落"选项,选择完成后在时间线上该文本框的左边就会出现一个向右的箭头,单击,即可对里面的每一句话按照上面的方法调整出现的时间。

4.3.13　新建场景

在一个项目中可以包含多个场景,一个场景又可以包含多个幻灯片,场景和场景之间可以通过幻灯片建立起链接关系。前面两张幻灯片是标题和课程简介,作为整个案例的介绍性页面可以放在一个场景里,后面是课程的主要内容,可以新建一个场景来实现。回到故事视图页面,在空白的地方单击右键选择"新建场景"选项,即可新建一个场景,重命名该场景为"学习与思考",如图 4-34 所示。

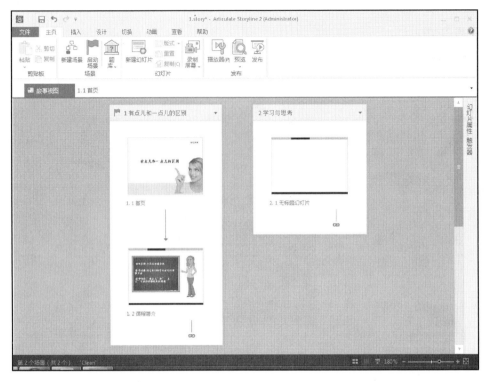

图 4-34　新建场景

1. 新建模板

在设计课程内容时,有些页面的效果是一样的,为了避免相同的效果重复设计,浪费时间,可以把这些相同的页面效果做成一个模板,使用的时候只需要调用模板就可以了。步骤如下。

(1) 新建一个 Storyline 项目文件,方法如 4.3.4 节所述。

(2) 双击打开自动生成的新幻灯片,在该幻灯片里添加相同的效果。

首先,设置幻灯片大小,依次单击菜单栏上的"设计"→"文章大小设置"选项,在弹出的对话框中把文章大小设置为 $720 \times 540(4:3)$。

其次,在幻灯片中插入插图类人物,设置其姿势表情和透视属性。

再次,添加一个文本框,在里面写上"情景一",并给该文本框加入"飞入"动画,效果选项为"从右上方"。

最后,要实现该幻灯片浏览结束后自动进入下一页,需要给该幻灯片添加触发器。选中幻灯片,在触发器面板中选择"新建触发器"选项,在弹出的对话框中进行设置,如图 4-35 所示。

(3) 生成模板。在菜单栏上选择"文件"→"另存为"选项,在弹出的对话框中文件名处命名为"情景提示页",保存类型处选"Storyline 模板",单击"保存"按钮,如图 4-36 所示,把该模板保存在 Storyline 的模板库中。

【小贴士】可以通过以下方法找到 Storyline 的模板库:单击桌面上的计算机图标,在

图 4-35 添加触发器

图 4-36 生成模板

打开的界面左边找到库—文档—My Articulate Projects—Storyline Templates 文件夹，把建成的模板放到该文件夹里，以便后面导入模板。

2. 模板处理

（1）导入模板。

回到原始项目中"学习与思考"场景下，在幻灯片列表处，单击右键选择"新建幻灯片"选项，弹出"插入幻灯片"对话框，在该对话框中选择"模板"，在模板下拉菜单中选择"情景提示页"模板，然后单击"导入"按钮即可将模板导入该场景中，如图 4-37 所示。

（2）修改模板。

导入的模板只是提供了幻灯片的基本格式，也可以根据每个幻灯片实际需求的不同进行各种属性的修改，如插入图片、修改文字、添加动画等。本案例中，在此幻灯片上单击右键，在弹出的快捷菜单中选择"版式"选项，从中选取一种版式套入，如图 4-38 所示，并把该幻灯片重命名为"情景提示"。而后新建一张幻灯片，单击"发布"→"预览此场景"选项，观看效果。

图 4-37　导入模板

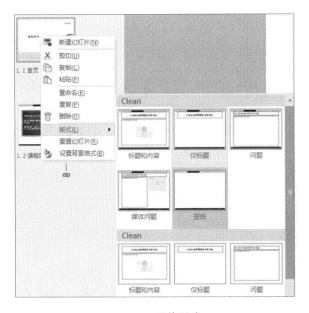

图 4-38　更换版式

4.3.14　插入视频

有时根据课程的安排需要插入视频,在 Storyline 中对视频也有很好的支持。支持的格式主要有:FLV、MP4、SWF、3G2、3GP、ASF、AVI、DV、M1V、M2V、M4V、MOV、MPE、MPEG、MPG、WMV。其中,对 FLV、MP4、SWF 是以原格式支持。除了这三种格式之外的其他视频,在被导入 Storyline 中时会转换为 MP4 格式。

新建幻灯片,选择一种版式,并命名为"情景一",单击菜单栏上的"插入"→"媒体"→"视频"→"文件中的视频"选项,把需要添加的视频添加到幻灯片中,同时可以在"选项"菜单中对视频的属性进行设置,设置完成后单击预览此幻灯片,如图 4-39 所示。

图 4-39 插入和设置视频

为了能够达到交互学习的目的,Storyline 中可以实现在视频中需要的位置加入问题,该效果可以通过新建图层来实现。操作步骤如下。

(1) 在图层面板中单击新建图层,并命名为"问题 1",如图 4-40 所示。

图 4-40 新建图层

（2）选中该图层，单击菜单栏上"插入"→"插图"→"人物"选项，选择一种人物，并进行表情、姿势的设定，然后从"标注"项中选择一种标注样式，添加到视频上面，如图 4-41所示。

图 4-41　在图层上设计问题

（3）创建问题触发器。

在图层面板上选择"情景一"图层，然后单击"新建触发器"按钮，在弹出的触发器向导对话框中进行设置，操作设为"显示图层"，图层设为"问题 1"，时间设为"时间轴到达"，设置结果如图 4-42 所示。单击"问题 1"图层右边的图标，如图 4-43 所示，在弹出的幻灯片图层属性对话框中，设置该图层播放过程中的效果，如图 4-44 所示。设置完成后，单击预览查看交互效果，如图 4-45 所示。

图 4-42　设置问题触发器

图 4-43 属性设置

图 4-44 幻灯片图层属性

图 4-45 向视频中插入问题最终效果图

4.3.15 图片处理

图片是一个课程中必不可少的元素，在 Storyline 中，可以插入图片到任何幻灯片、幻灯片层，或者任何幻灯片母版、反馈层。可以插入的图片格式主要有 BMP、EMF、GIF、GFA、JFIF、JPG、JPEG、PNG、TIF 和 WMF。在 Storyline 中插入图片与在 PowerPoint 中插入图片的操作一样，在"插入"菜单下，单击"图片"选项，接着找到要插入的图片，选中后双击或单击"打开"按钮即可将图片导入幻灯片中。

本节接着上一节的案例进行设计，在"学习与思考场景"中，首先，按照 4.3.1 节所讲模板知识导入"情景提示页"模板，并把情景一改成情景二，修改整个页面属性与情景一的相同，该幻灯片命名为"情景提示 2"，如图 4-46 所示。

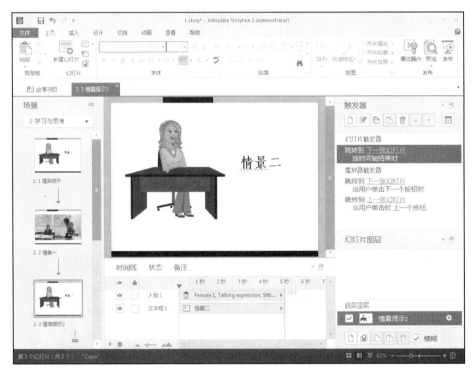

图 4-46　情景二幻灯片设计

1. 图片的局部缩放

在课程学习中有时为了突出显示图片中的某一部分，可以把该部分临时放大和缩小。

在本案例中，首先，在"情景提示 2"幻灯片的后面新建一张幻灯片，命名为"情景二"，在该幻灯片中插入图片和讲解的音频（音频内容为：我告诉大家我穿 36 的鞋，那 37 的鞋对我来说有点儿大，那 35 的鞋对我来说有点儿小），如图 4-47 所示。

其次，插入完成后，在时间线上选中音频，在键盘上按空格键让视频开始播放，当音频中提到"37"的"3"的时候在键盘上按"C"键，设置提示点 1，而后音频继续播放；当提到

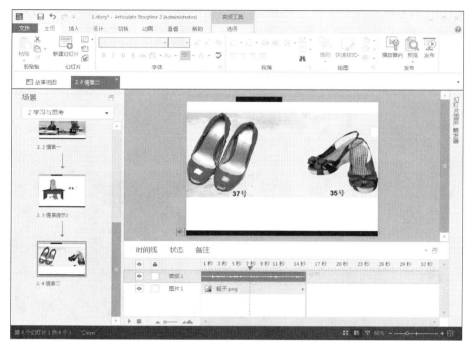

图 4-47　插入图片和音频

"35"的"3"的时候再次在键盘上按"C"键，设置提示点 2，以便下面在提示点处设置图片的缩放，如图 4-48 所示。

【小贴士】要在英文输入法状态下按"C"键。

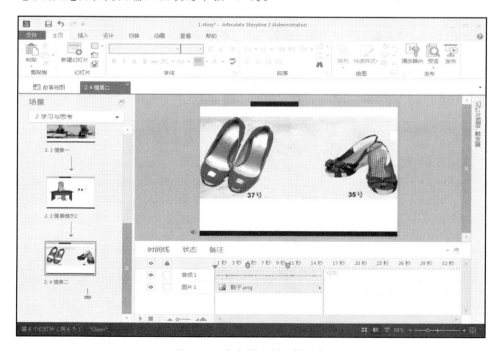

图 4-48　在音频上插入提示点

最后,设置对应的缩放区域。单击提示点1,在菜单栏上选择"插入"→"幻灯片"→"缩放区域"选项,把该缩放区域范围放置在37号红色鞋子处。同样的方法,单击提示点2,把第二个缩放区域范围放置在35号紫色鞋子处,如图4-49所示。

【小贴士】时间线上的每个缩放区域不要太长,要把它调整到下一个缩放区域的前面。

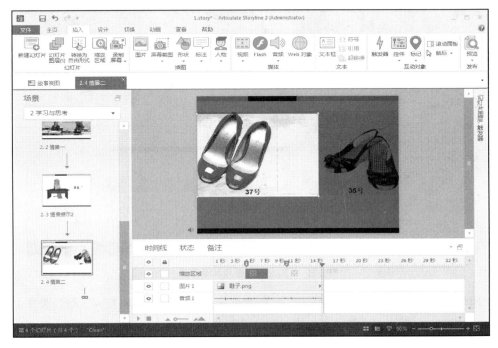

图4-49 设置缩放区域

设置完成后,在发布中单击预览,观看效果,如图4-50所示。

图4-50 区域缩放效果

2. 在图片上添加标记

在课程讲解过程中,对于重点讲解的部分可以添加标记,也便于学习者根据标记提示在后期对这些重点部分复习。

在菜单栏上单击"插入"→"互动对象"→"标记"选项,如图 4-51 所示,从 10 种类型的标记中根据课程内容的需要选择合适的标记插入。

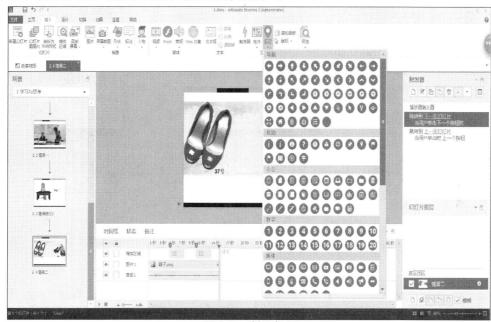

图 4-51　插入标记

本案例中分别在红色和紫色鞋子上添加问号标记,如图 4-52 所示。在格式菜单栏中对该

图 4-52　编辑标记

标记的样式进行设置,另外可以在"标记选项"一栏中向标记中插入图片、视频和音频内容。

【小贴士】为了防止在添加标记过程中移动缩放区域,可以在时间线上单击缩放区域前面的锁图标,把缩放区域锁定。

编辑完标记之后需要把标记出现的时间和缩放区域的提示点同步。分别选中标记1和标记2,单击右键,在弹出的菜单中分别选择对齐提示点1和提示点2,如图4-53所示,设计完成后预览效果。

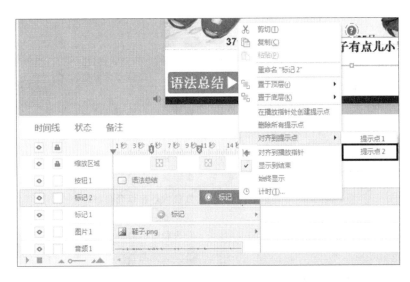

图 4-53　对齐标记和提示点

4.3.16　如何实现同一个幻灯片的重复调用

在整个课程的学习过程中,有时会遇到同一个内容在不同的地方多次出现的情况,例如,本案例中两种情景都是在讲"有点儿"和"一点儿"在和形容词搭配时的不同含义,那么可以把这两种搭配的含义做成单独的幻灯片,需要用时直接调用就可以了。

图 4-54　幻灯片属性

在情景二幻灯片后面新建一张幻灯片,选择空白版式,命名为"通用页"。单击幻灯片图层面板中的"通用页"图层右边的属性图标,打开"幻灯片属性"对话框,取消勾选其中的"上一页"和"下一页"复选框,如图4-54所示。

在"通用页"幻灯片中插入文本框,里面添加文字"有点儿+形容词等价于主观的负面评价",并进行文字属性的设计,如图4-55所示。

返回情景二幻灯片,在里面添加一个按钮,设计方法参考4.3.8节所述,如图4-56所示。

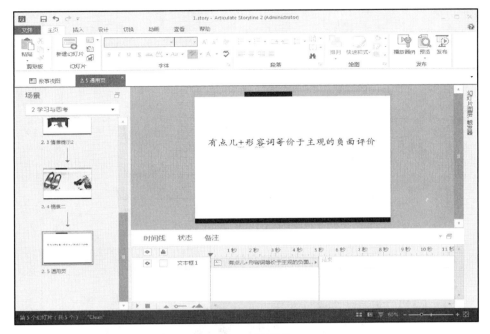

图 4-55　通用页

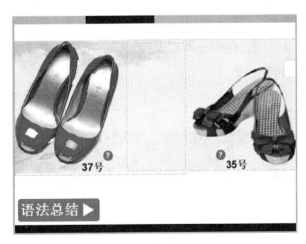

图 4-56　添加按钮

接下来给"语法总结"按钮添加触发器。在触发器面板单击"新建触发器"选项,在弹出的"触发器向导"对话框中,把操作设为"灯箱幻灯片",幻灯片设为名字为通用页的幻灯片,如图 4-57 所示。

设计完成后,单击"发布"→"预览"→"此场景"选项观看效果。在"情景二"页面单击"语法总结"按钮,即可出现如图 4-58 所示效果。

图 4-57　设置触发器

图 4-58　调用幻灯片

4.3.17　滑块的制作

（1）接着上一节的案例进行制作，右键选中"情景二"幻灯片新建幻灯片，命名为"滑块"，如图 4-59 所示，选中"情景二"幻灯片，在触发器面板中，单击"下一张幻灯片"，在下拉菜单中选择名字为"滑块"的幻灯片，如图 4-60 所示。

【小贴士】不要选择被调用的"通用页"幻灯片作为下一张幻灯片。

（2）双击打开"滑块"幻灯片，向其中插入图片，然后在菜单栏"插入"→"互动对象"→"控件"中选择一种滑块类型插入，如图 4-61 所示。

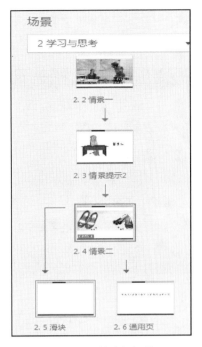

图 4-59 新建幻灯片

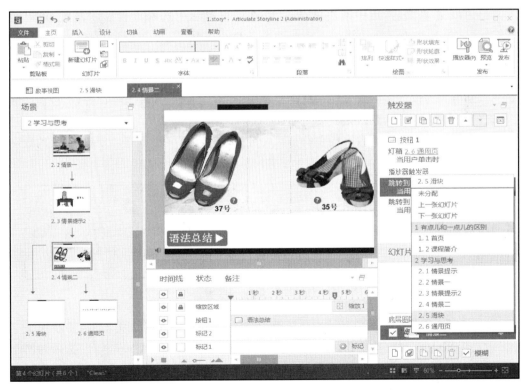

图 4-60 设置下一张幻灯片

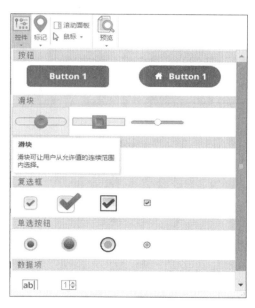

图 4-61 插入滑块

【小贴士】滑块本身是横着的,需要竖着的滑块时可以调整滑块中间的那个挂钩形状来实现。

(3) 插入滑块之后,选中滑块单击右键,在弹出菜单中选择设置形状格式,可以对滑块的样式进行修改。拖动滑块上面的两个黄色小方块,可以调整滑块的大小和滑槽的宽窄。

(4) 设置滑块的属性。选中滑块,菜单栏上就会出现"滑块工具"栏,在该工具栏中有两个选项,分别为设计和格式。在"设计"菜单中的"滑块属性"选项卡中,"开始"后面的数字代表的是第几个滑块,默认是 0,一般情况下从 1 开始,"结束"后面的数字代表的是最后一个滑块,"初始"后面的数字代表的是滑块最开始放在第一个位置,"步骤"后面的数字代表的是每滑动一下走几步。本案例中对滑块属性的设置如图 4-62 所示。

图 4-62 滑块属性的设置

(5) 给每个滑块配上对应的文字。在滑块的右边分别添加两个文本框,并添加文字分别为刘翔和成龙,同时选中这两个文本框,单击菜单栏中的"格式"→"排列"选项对两个文本框进行对齐设置,如图 4-63 所示。

(6) 新建图层,实现当滑块在刘翔的名字处时图片上刘翔的头像旁边出现刘翔的身高;当滑块在成龙的名字处时图片上成龙的头像旁边出现成龙的身高。在幻灯片图层面

图 4-63　滑块文字

板上单击新建两个图层,分别命名为"刘翔"和"成龙",然后选中"刘翔"图层,在该图层中插入文本框,添加刘翔的身高,并把它放在刘翔头像的旁边;选中"成龙"图层,也在该图层中插入文本框,添加成龙的身高,并把它放在成龙头像的旁边,如图 4-64 所示。

图 4-64　各图层设置

（7）添加触发器。回到底层图层，新建触发器，操作设为"显示图层"，图层设为"刘翔"，时间设为"滑块移动"，滑块设为默认的"滑块1"，条件设为"＝＝等于1"，如图4-65所示。同样的方法设置"成龙"图层，如图4-66所示。

图4-65 "刘翔"图层　　　　　　　　　图4-66 "成龙"图层

（8）设计完成后预览效果，如图4-67和图4-68所示。

图4-67 显示"刘翔"图层

（9）添加按钮。在该页下方添加一个按钮，方法如4.3.8所述，在上面添加文字"结论"。选中底层图层"滑块"同时再新建一个图层，命名为"语法结论"，在该图层中插入文本框1，里面添加文字"刘翔高一点儿，成龙低一点儿。"插入文本框2，里面添加文字"形容词＋一点儿＝主观比较"，如图4-69所示。

（10）回到底层图层，新建一个触发器，操作设为"显示图层"，图层设为"语法结论"，时间设为"鼠标悬停"，对象设为"按钮1"，如图4-70所示。

图 4-68　显示"成龙"图层

图 4-69　设计按钮的交互效果

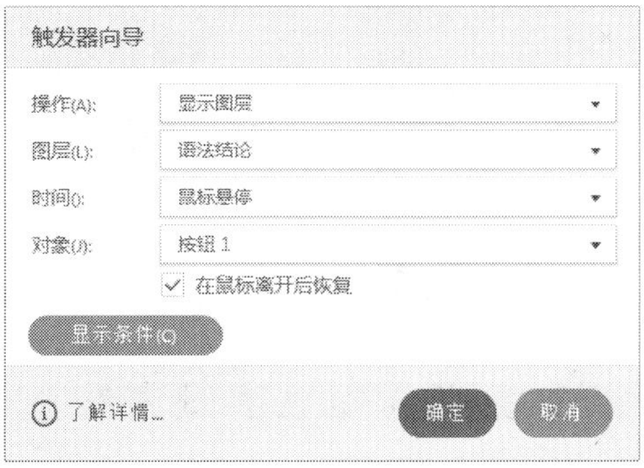

触发器向导

操作(A):	显示图层	▼
图层(L):	语法结论	▼
时间():	鼠标悬停	▼
对象():	按钮 1	▼
	✓ 在鼠标离开后恢复	

显示条件(C)

ⓘ 了解详情…　　　　　确定　　取消

图 4-70　设置触发器属性

（11）设置完成后选中"语法结论"图层，在时间线上调整两个文本框出现的时间，选中文本框1，当鼠标指针变成四个方向的箭头时可以左右移动该文本框，从而调整该文本框出现的时间，如图4-71所示。

图 4-71　调整文本框出现的时间

设计完成后，预览效果，如图4-72所示。

图 4-72　交互效果图

4.3.18　测试题

Storyline 也支持测试题的设计,类型有判断题、单选题、多选题、填空题、拖动题、下拉菜单式选择题、热区单选题等。本节将通过案例设计来讲解测试题的设计方法。回到故事视图,新建场景,命名为测试题,如图 4-73 所示。

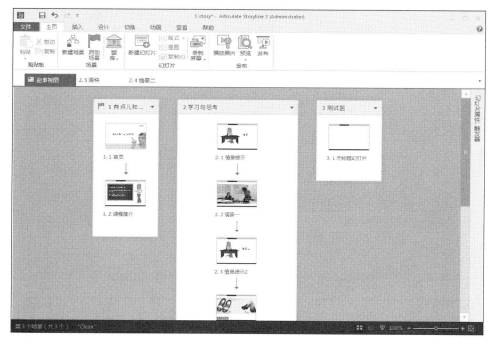

图 4-73　新建场景

双击打开该场景,在幻灯片列表处单击右键,在弹出的快捷菜单中选择"新建幻灯片"选项,选择模板,把前面章节中创建的"情景提示页"模板导入进来,并修改样式和上面的文字,如图 4-74 所示。

图 4-74　新建提示页

1. 模板类测试题的制作

在幻灯片列表处单击右键,在弹出的快捷菜单中选择"新建幻灯片"选项,在弹出的"插入幻灯片"对话框中选择测验,如图 4-75 所示。

图 4-75 测验模板

从中选择单选题,单击"插入"按钮,进入单选题编辑界面,如图 4-76 所示。

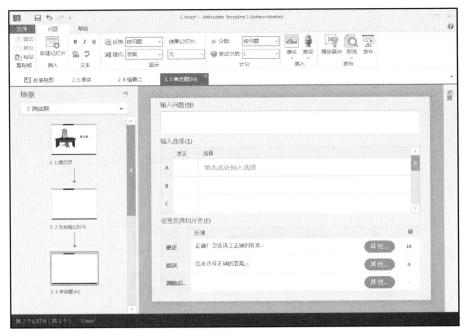

图 4-76 测试题设计页面

该页面由三部分组成:输入问题,可以在下面的文本框中输入要设计的问题;输入选择,设计多个备选答案;设置反馈和分支,设计学习者选择后根据选择的情况给出反馈信息。本案例中在输入问题中输入:请找出下面描述中错误的是哪一个? 在输入选择中设计三个备选答案:这条裙子有点儿贵,便宜一点儿吧,这笼包子的个数一点儿少,并且把 C 选中,作为正确答案,如图 4-77 所示。

图 4-77　单选题问题设计

设计反馈和分支,可以采用默认的文字提示,也可以单击"其他"按钮,在弹出的对话框中进行录音,实现语音提示,如图 4-78 所示。

图 4-78　反馈录音

另外,还可以进行正负分数的设置,如图 4-79 所示。

还可以更改反馈位置。在菜单栏上单击"问题"→"显示"→"反馈"选项,把通过问题改成通过选择,问题界面就变成图 4-80 所示。

123

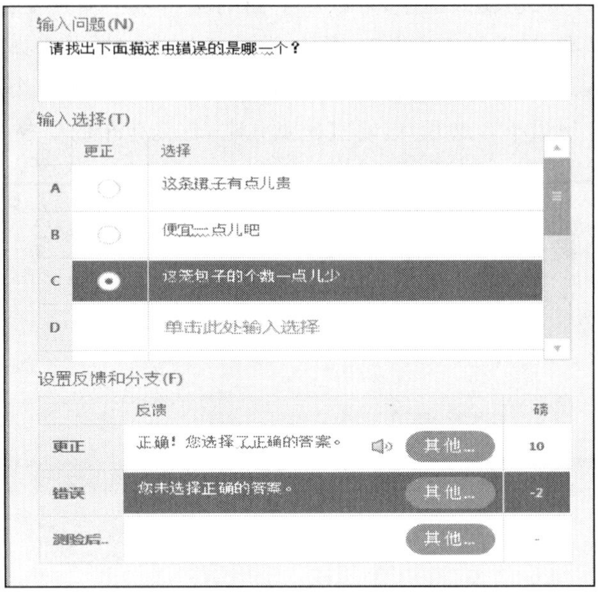

图 4-79　分数的设置

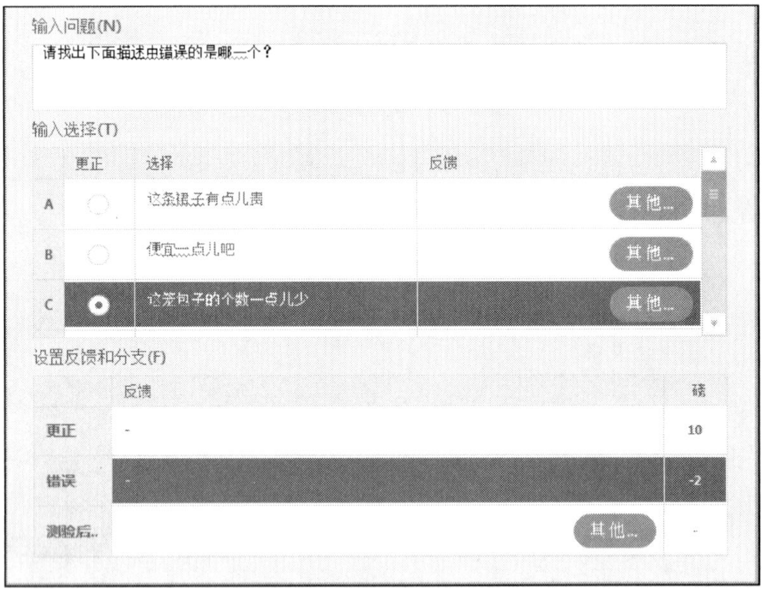

图 4-80　更改反馈位置

通过选择进行反馈,这种反馈比较好,因为每个人的选择有可能不一样,不管学习者选择哪个答案,都会给出为什么正确或为什么错误的反馈,这样更利于学习者学习。

可以更改分数设置位置。在菜单栏上单击"问题"→"计分"→"分数"选项,选择通过选择,就可以给单独每个答案设置分数,如图 4-81 所示。

可以在菜单栏上单击"问题"→"计分"→"尝试次数"选项,设置允许答题的次数。

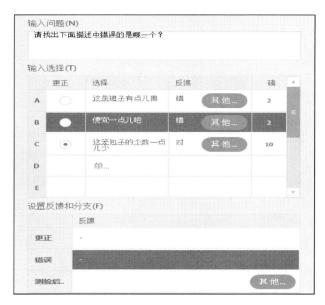

图 4-81　更改分数设置位置

切换到幻灯片视图,在幻灯片中对问题的样式进行修改,如图 4-82 所示。

图 4-82　问题格式设置

预览效果如图 4-83 所示,预览时问题的答案顺序会随机出现。

其他模板制作测试题的方法和单选题类似,不再详述。

2. 单独设计测试题

在学习过程中,有些题因为有自己的特色,所以不好建立通用的模板,那么就需要单独进行设计,本案例中以拖动题为例来进行设计。

(1) 新建幻灯片,在基本版式中选择"问题"版式,单击"插入"按钮,生成一个新的幻灯片。在标题栏中,输入问题"请正确描述以下两个小朋友此刻的心情",并设置文字格式。在幻灯片中插入两个小朋友的照片,再插入两个形状,分别在两个形状上添加文字"她有点儿不高兴"和"她一点儿也不高兴",如图 4-84 所示。

图 4-83　效果图

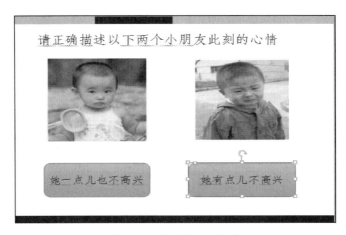

图 4-84　拖动题页面设计

（2）在菜单栏上单击"插入"→"幻灯片"→"转换为自由形式"选项，在弹出的对话框中单击拖放类型的题，如图 4-85 所示。

选择拖放，单击"确定"按钮进入试题编辑页面，如图 4-86 所示。

在拖动项目和放置目标中，把图片和正确答案进行配对，这里把第一个小朋友的图像放置在拖动项目 A 中，把"她有点儿不高兴"的形状放置在目标 A 中，把第二个小朋友的图像放置在拖动项目 B 中，把"她一点儿也不高兴"的形状放置目标 B 中，如图 4-87 所示。

图 4-85　幻灯片形式转换

图 4-86　试题编辑界面

设置反馈和分支部分与利用模板创建试题部分的操作方法相同,在此不再详述。

（3）在菜单栏单击"问题"→"显示"→"拖放选项"选项,打开拖放选项属性设置对话框,如图 4-88 所示,勾选"将项目返回到起点"复选框,在下拉列表中选择"任意放置目标"。

图 4-87　设计试题

图 4-88　拖放选项属性设置

如果拖动项目超过五个以上需要选中,则勾选"一次显示一个拖动项目"复选框。放置目标选项中,选择"堆栈随机",勾选"每个放置目标只允许有一个项目",否则就会出现两个图片放置在同一个框中,如图 4-89 所示。

【小贴士】不要选择"正确的放置目标"选项,这样的话放置错误,图片会自动弹回去,就起不到测试的作用了。

图 4-89 两个答案重叠

（4）把图片和正确的答案拖放在一起，预览显示最终效果，如图 4-90 所示。

图 4-90 拖放题效果

129

3. 设计测试反馈页面

整个测试题全部完成之后,对于学习者最好有个总的答题结果反馈,下面进行这个界面的设计制作。回到幻灯片视图,新建幻灯片,在插入幻灯片界面选择测验中的结果幻灯片,选择"打分结果幻灯片",如图4-91所示。

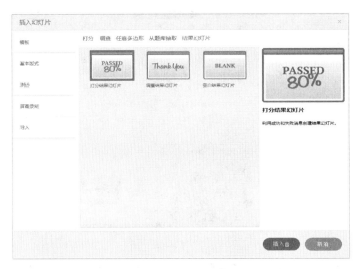

图 4-91　打分结果幻灯片

单击"插入"按钮,打开"结果幻灯片属性"对话框,如图4-92所示。在该对话框中"问题"处可以选择参与计分的测试题,没有勾选的测试题是不参与计分的,"通过分数"处可以进行百分比的设计。

图 4-92　幻灯片属性设置

单击"确定"按钮,生成结果幻灯片页面,如图 4-93 所示。

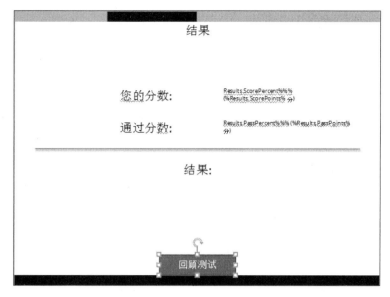

图 4-93　结果幻灯片页面

【小贴士】在图 4-93 所示页面上,把"您的分数"后面三个连着的百分号中的一个剪切、粘贴到最前面,同样,把"通过分数"后面的三个连着的百分号中的一个剪切、粘贴到最前面。

预览此场景,观看效果,如图 4-94 所示。

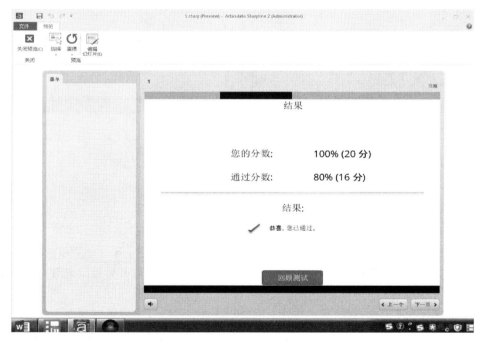

图 4-94　测试题最终结果统计

4.3.19　连接所有场景

设计完成后回到故事视图,可以观察到三个场景现在处于相互独立的状态,如图 4-95 所示。在第一个场景中选中"课程简介"幻灯片,在右边触发器面板处单击下一张幻灯片,在下拉菜单中选择"学习与思考"场景中的第一页"情景提示"。在"学习与思考"场景中选中滑块幻灯片,在触发器面板中同样单击下一张幻灯片,在下拉菜单中选择"测试题"场景中的"提示页"。设置完成后,三个独立的场景就连在一起了,如图 4-96 所示。

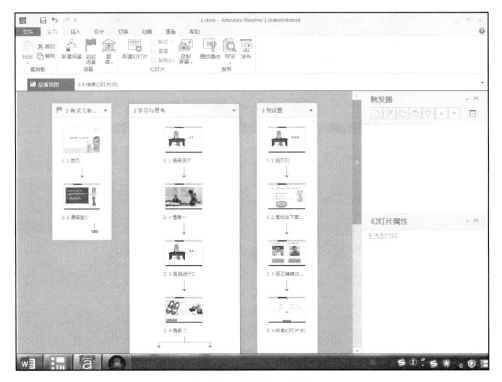

图 4-95　三个独立场景

预览显示最终效果,如图 4-97 所示。

4.3.20　编辑项目菜单

从图 4-97 中可以看出项目已完成,但左边的菜单并不完善,下面对菜单的样式和布局进行调整。单击菜单栏的"主页"→"发布"→"播放器"选项,打开播放器设置对话框,如图 4-98 所示。

在播放器选项卡中选择"菜单",然后选择向上的小图标,把菜单移到左上栏的上方,如图 4-99 所示,同样的方法也可以移到右上栏。另外,可以在标题中修改整个项目的标题,在控件中添加音量、搜索菜单、进度条和徽标。

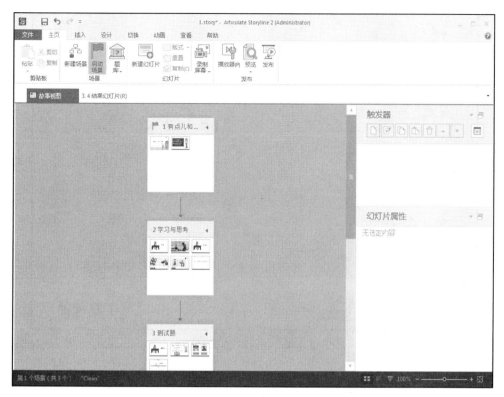

图 4-96 三个场景合成一个

图 4-97 预览效果

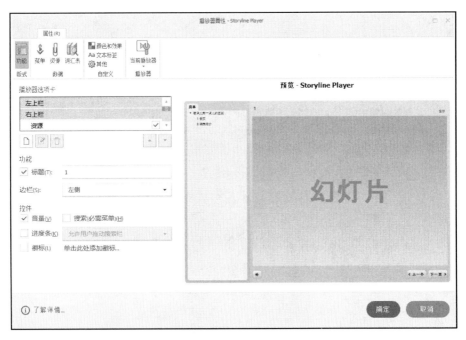

图 4-98　播放器属性设置

【小贴士】如果勾选"进度条"复选框,那么会给每个页面都添加进度条。如果只是给其中一个页面添加进度条,可以在每一页的页面设置中给该页添加进度条。

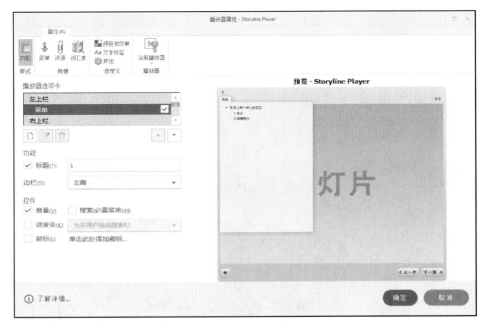

图 4-99　调整菜单到左上栏

单击"菜单"选项,把其他两个场景的内容添加到菜单栏中。单击"从项目插入"按钮,把其他两个场景的内容插入菜单中,然后单击"从文章重置"按钮,就可以改变菜单里的内容,如图 4-100 所示。

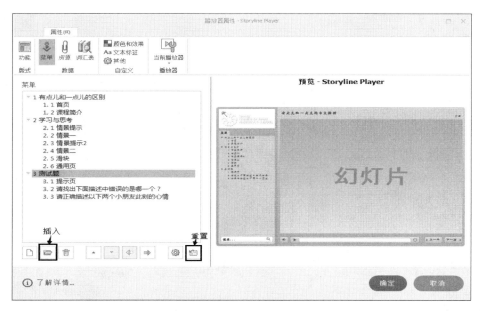

图 4-100　重置菜单栏

可以在自定义选项卡中,选择颜色和效果,对整个播放器的样式进行调整,包括颜色、背景、字体,然后在文本标签中对每个固定部分的文字进行修改,分别如图 4-101 和图 4-102 所示。

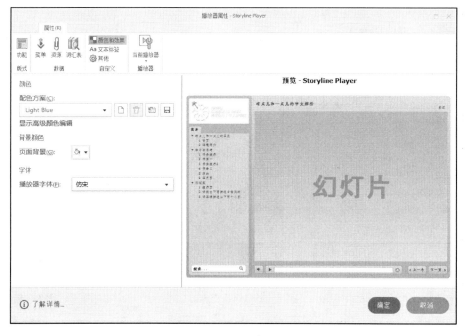

图 4-101　播放器样式调整

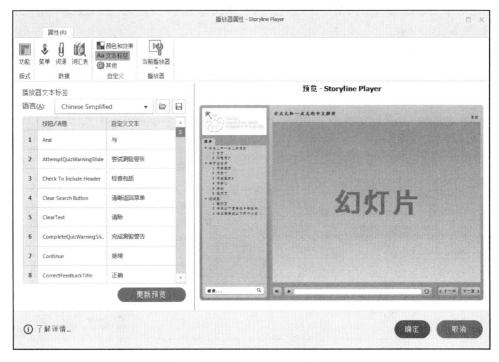

图 4-102　文本标签的修改

单击"其他"选项，对浏览器进行设置，把浏览器大小设置为"调整浏览器大小以填充屏幕"，把播放器大小调整为"缩放播放器以填充浏览器窗口"，如图 4-103 所示。

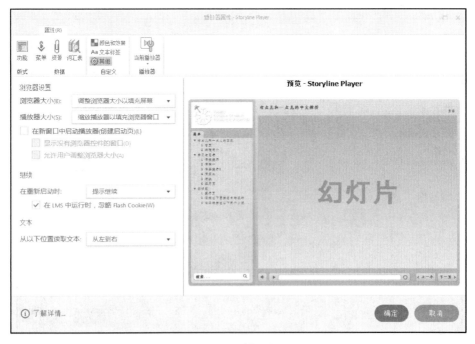

图 4-103　浏览器设置

预览最终效果图如图 4-104 所示。

图 4-104　播放器设置

4.3.21　课程的发布

整个项目编辑完成后,如果希望学习者能够通过网络学习,需要将项目发布。如果不需要追踪学习者的学习完成情况,可以将项目发布成 Web 格式;如果需要追踪学习者的学习完成情况,可以发布成 Articulate Online 或者 LMS 格式。在主页菜单下单击"发布"按钮,如图 4-105 所示,弹出发布对话框。

图 4-105　发布窗口

1. 发布为 CD

单击"CD"选项,在右边进行设置,如图 4-106 所示。

图 4-106　发布为 CD

发布为 CD 之后,就会生成一个单机版的文件,文件很小,在该界面也可以进行质量的调整,一般用标准就可以了。

2. 发布为 Web

单击"Web"选项,在右边进行设置,如图 4-107 所示。

图 4-107　发布为 Web

文件发布后,可以把它上传到网上供大家学习,但这种形式测试题的分数是无法被记录下来的。如果把"HTML5 和移动设备出版格式"下面的三个选项都选中,那么无论在哪种移动端设备上都可以浏览。

3. 发布为 Articulate online 和 LMS

这两种发布形式都是发布在平台上,但不建议发布在 Articulate online 平台上,因为该平台是 Articulate 自己的平台,是需要付费的。发布在 LMS 平台上,学习者的学习分值是可以调取的,如图 4-108 所示。

图 4-108　发布为 LMS

该界面和图 4-107 相比多了个输出选项和跟踪,可以在输出选项中选择任何一种发布标准,有 SCORM1.2、SCORM2004、AICC、Tin can API。单击"跟踪"选项,在弹出的报告和跟踪界面进行设置,在跟踪项中,分为使用查看的幻灯片数跟踪和使用测验结果跟踪,如图 4-109 所示。只要学习者完成了学习该页设置的幻灯片的数量或者学习到某一

图 4-109　跟踪

张幻灯片,就可以得到设定的分数。单击"报告",如图 4-110 所示,在该页面中向 LMS 报告状态有四种,到底要设置哪种状态需要和平台的管理员进行协商。

图 4-110　报告

设置完成后单击"发布"按钮,发布成功后会出现如图 4-111 所示的页面,单击"打开"图标即可查看整个项目的所有文件,如图 4-112 所示。同时还可以通过邮件发送出去,通过 FTP 上传到网络上,单击"ZIP"图标可以对发布后的文件进行压缩保存。

图 4-111　发布成功界面

在整个项目文件中双击名字为 story 的 SWF 格式文件即可观看该项目,如图 4-113 所示,也可以把项目文件的压缩包给平台负责人,由平台负责人在网络上发布。

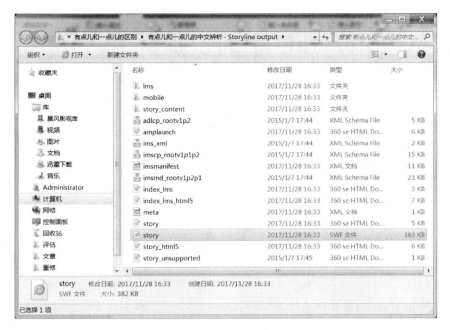

图 4-112 项目文件

图 4-113 发布最终效果

附录 A　Storyline 中的快捷键

F1　帮助

F2　边框被单击后,选择的所有文本形状

F3　普通视图

F4　幻灯片母版

F5　反馈母版

F7　拼写检查

F10　发布

F12　预览整个项目

Shift+F12　预览当前场景

Ctrl+F12　预览当前幻灯片

Shift+F9　显示/隐藏网格线

Shift+拖曳　如果移动一个对象,该对象只能按直线方向移动。如果调整对象的大小,该对象保持纵横比

Alt+拖动　严格控制在 1 个像素的增量移动或调整对象

Ctrl+B　文字加粗

Ctrl+D　重复的对象

Ctrl+E　居中对齐文本

Ctrl+G　组合对象

Ctrl+I　文字斜体

Ctrl+J　插入图片

Ctrl+K　添加触发器来选择对象

Ctrl+L　左对齐文本

Ctrl+M　插入新幻灯片

Ctrl+N　创建新项目

Ctrl+O　打开项目

Ctrl+T　插入文本框

Ctrl+U　下划线

Ctrl+W　关闭标签页

Ctrl+Y　重做

Ctrl+Z　复原

Ctrl+enter　打开"设置形状格式"对话框

Ctrl+F12　预览当前幻灯片

C　添加提示点,如果从时间轴播放幻灯片时,按下该键

空格键　暂停播放的时间轴,当在时间轴上单击"播放"按钮时

附录 B　常用 PPT 制作辅助软件

1. 文字处理工具
(1) 字体管家软件的使用
(2) 少数文字动画用 SwithMax 表达
(3) 篇章文字用 Flash Paper 生成 SWF 置入
(4) 标题式表段用 SmartArt 图形动画表达
2. 图形图像处理工具
(1) 背景制作软件——Image Triangulator
(2) 图像污点、杂点及水印的消除——Inpaint
(3) 图像截取软件——截图王 Snagit
(4) 图片 Flash 生成工厂——Falsh Gallery Factory
(5) 图形制作专家——Edraw Max 亿图专家
3. 文字图像统一处理——Nordri Tools